ISBN-13: 978-1546868415

ISBN-10: 1546868410

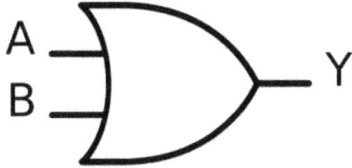

# ELECTRÓNICA
# Digital

Fundamentos, cálculos y aplicaciones

# Ing. Miguel D'Addario

Primera edición

2017

CE

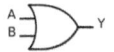
# Índice

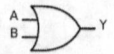

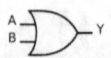

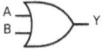
## Autor

Ingeniero industrial (UNC), Técnico superior en equipos industriales, mantenimiento y gestión. E instructor de AutoCAD, 3D y modelado. Ha publicado una centena de libros, en su mayoría técnicos educativos para todos los niveles.

Sus libros están distribuidos en los cinco Continentes, son de consulta asidua en Bibliotecas del mundo, y se encuentran inscritos en los catálogos, ISBNs y bases bibliográficas Internacionales.

Son traducidos a múltiples idiomas y pueden encontrarse en los bookstores internacionales, tanto en formato papel como en versión electrónica.

Webs donde conocer y/o adquirir otras obras del autor:

http://migueldaddariobooks.blogspot.com
https://www.amazon.com/Miguel-DAddario
https://www.createspace.com/pubMiguelDAddario

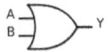

# Introducción

*Electrónica*

El cambio en el perfil del tipo de instalaciones que se están realizando en el ámbito de las empresas del sector eléctrico ha provocado una profunda transformación en la formación de los instaladores electricistas. El ciclo formativo de grado medio Técnico en instalaciones eléctricas y automáticas nace para dar respuesta a esa demanda de nueva formación, con el fin de formar profesionales con un alto grado de especialización. Aunque Electricidad y Electrónica son dos campos relacionados entre sí, hay que hacer una distinción entre la Electricidad y la Electrónica como ramas del conocimiento: la Electricidad está enfocada a la obtención y distribución de energía eléctrica, y la Electrónica se encarga del estudio y la aplicación de los electrones en diversos medios, bajo la influencia de campos eléctricos y magnéticos. El perfil profesional de este título está encaminado a la formación de un profesional polivalente, que sea capaz de adaptarse a las nuevas necesidades del mercado laboral. Además, forma a un técnico con gran especialización en la instalación y mantenimiento de infraestructuras de telecomunicaciones, sistemas de domótica, sistemas de energía solar fotovoltaica, etc. Una vez realizados todos los módulos del ciclo formativo, el alumno estará capacitado para realizar las siguientes actividades profesionales: montaje y mantenimiento de las instalaciones de telecomunicaciones en edificios, instalaciones domóticas, instalaciones eléctricas en el ámbito industrial e instalaciones de energía solar fotovoltaica, entre otras. Además poseerá los conocimientos necesarios para desarrollar su actividad profesional atendiendo a las medidas de seguridad en cada caso, a los protocolos de calidad y respetando el medio ambiente. De uno de estos módulos profesionales, que contribuye a alcanzar dicha competencia, es del que nos vamos a ocupar a lo largo de este libro. El nuevo Técnico especialista en instalaciones eléctricas y automáticas debe tener una buena base de conocimientos sobre el funcionamiento y la aplicación de los circuitos electrónicos que utilizará en el desarrollo de su profesión de manera habitual. El módulo de Electrónica tiene este cometido, aportar al alumno y futuro técnico, los conocimientos suficientes, tanto en

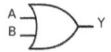

el ámbito de la Electrónica analógica como en el de la Electrónica digital, para entender el funcionamiento de los equipos que utilizará en su entorno profesional. Electrónica es un módulo soporte, que proporciona una adecuada base teórica y práctica para la comprensión de las funciones y características de los equipos y elementos electrónicos utilizados en instalaciones y sistemas de instalaciones comunes de telecomunicaciones, instalaciones domóticas e instalaciones fotovoltaicas, etc. Por eso, los montajes y aplicaciones propuestos en este módulo son la base del conocimiento para entender el funcionamiento de equipos más complejos. En el currículo del ciclo, publicado en el Real Decreto 177/2008, de 8 de febrero (BOE de 1 de marzo), se establecen una serie de competencias, tanto a nivel profesional como personal, que se pretenden alcanzar a la finalización del mismo. En el caso del módulo de Electrónica aplicada, contribuye a alcanzar las siguientes competencias:

-Configurar y calcular instalaciones y equipos teniendo en cuenta las prescripciones y la normativa vigente.

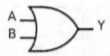

-Mantener y reparar instalaciones y equipos electrónicos relacionados con su ámbito profesional.

-Verificar el funcionamiento de las instalaciones o los equipos realizando pruebas funcionales y de comprobación, para proceder a su puesta en funcionamiento.

Además, el módulo de Electrónica contribuye a alcanzar los objetivos generales del ciclo formativo, entre los que podemos destacar:

a) Identificar los elementos de las instalaciones y los equipos, analizando planos y esquemas.

b) Delinear esquemas, croquis o planos de emplazamiento de los circuitos, empleando los medios y las técnicas de dibujo y representación simbólica normalizada.

c) Seleccionar el utillaje, las herramientas, los equipos, así como los medios de montaje y de seguridad en el desempeño de su función profesional.

d) Aplicar técnicas de mecanizado, conexión, medición y montaje.

e) Comprobar el conexionado, los aparatos de maniobra y protección, así como las señales y parámetros característicos en las instalaciones y los equipos.

A lo largo del libro desarrollaremos los bloques de contenidos que nos pemitirán alcanzar los conceptos necesarios para cumplir estos objetivos descritos en el apartado anterior.

Estos bloques los podemos estructurar de la siguiente manera:

1. Fundamentos de Electrónica digital.

2. Componentes electrónicos.

3. Circuitos de aplicación de Electrónica analógica: rectificadores y filtros, osciladores, etc.

4. Circuitos amplificadores.

5. Fuentes de alimentación.

6. Sistemas electrónicos de potencia.

*Electrónica digital*

El gran desarrollo experimentado por la Electrónica en los últimos años ha propiciado que la mayoría de los equipos actuales funcionen con sistemas digitales. Un sistema digital se caracteriza por utilizar señales discretas, es decir, señales que toman un número finito de valores en cierto intervalo de tiempo.

La comparación gráfica entre una señal analógica y una digital es la siguiente:

---

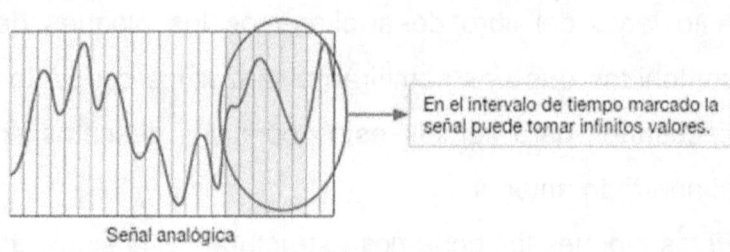

En el intervalo de tiempo marcado la señal puede tomar infinitos valores.

Señal analógica

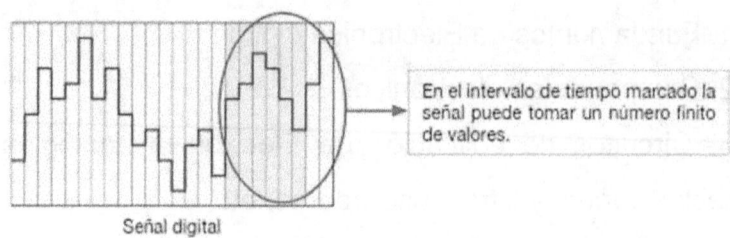

En el intervalo de tiempo marcado la señal puede tomar un número finito de valores.

Señal digital

Comparativa gráfica de una señal analógica
frente a una señal digital

En la Figura, la señal inferior corresponde a la digitalización de la señal analógica, y contiene información suficiente para poder reconstruir la señal digital.

Todas las telecomunicaciones modernas (Internet, telefonía móvil, etc.) están basadas en el uso de este tipo de sistemas, por lo que el estudio de las mismas resulta de gran importancia para cualquier técnico que trabaje en este ámbito. Son muchas las razones que han favorecido el uso extensivo de los sistemas digitales, entre ellas:

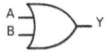

• Mayor fiabilidad en el procesamiento y transmisión de la información frente a los sistemas analógicos, ya que una pequeña degradación de la señal no influirá -en el sistema digital- en su valor (o en su influencia como entrada en un circuito digital).

Sin embargo, en un circuito analógico, cualquier pequeño cambio que se pueda producir en la señal propiciará la pérdida de información en la misma.

• Disposición de un soporte matemático adecuado para su desarrollo, en concreto, el álgebra de Boole.

• Dominio de las tecnologías de fabricación adecuadas.

• Contar con una amplia distribución comercial gracias a sus diversas aplicaciones en múltiples campos.

· Señal analógica

· Señal digital

*Podemos clasificar los circuitos digitales en dos grandes grupos:*

• Circuitos combinacionales: se caracterizan porque las salidas únicamente dependen de la combinación de las entradas y no de la historia anterior del circuito;

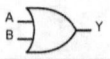
por lo tanto, no tienen memoria y el orden de la secuencia de entradas no es significativo.

• Circuitos secuenciales: se caracterizan porque las salidas dependen de la historia anterior del circuito, además de la combinación de entradas, por lo que estos circuitos sí disponen de memoria y el orden de la secuencia de entradas sí es significativo.

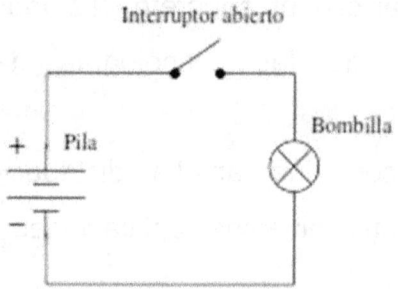

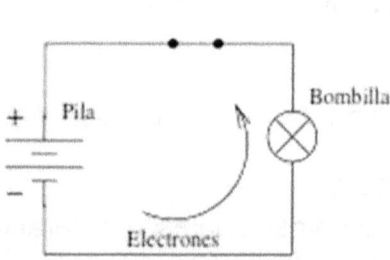

*Circuito electrónico simple: Pila, interruptor y bombilla*

## Tipos de electrónica

*Electrónica Analógica*

Uno de los grandes retos del hombre es el de manipular, almacenar, recuperar y transportar la información que tenemos del mundo en el que vivimos, lo que nos permite ir progresando poco a poco, cada vez con más avances tecnológicos que facilitan nuestra vida y que nos permiten encontrar respuestas a preguntas que antes no se podían responder. Ahora estamos viviendo un momento en el que esa capacidad de manipulación, almacenamiento, recuperación y transporte de la información está creciendo exponencialmente, lo que nos convierte en lo que los sociólogos llaman la "Sociedad de la información", y que tendrá (de hecho ya tiene) grandes implicaciones sociales.

Con la aparición de la electrónica las posibilidades para desarrollar esas capacidades aumentaron considerablemente.

Para comprender los principios de la electrónica analógica, nos centraremos en un ejemplo concreto: la manipulación, almacenamiento, recuperación y transporte de una voz humana.

Cuando hablamos, nuestras cuerdas vocales vibran de una determinada manera, lo que origina que las moléculas del aire también lo hagan, chocando unas con otras y propagando esta vibración. Si no existiesen esas moléculas, como en el espacio, el sonido no se podría propagar.

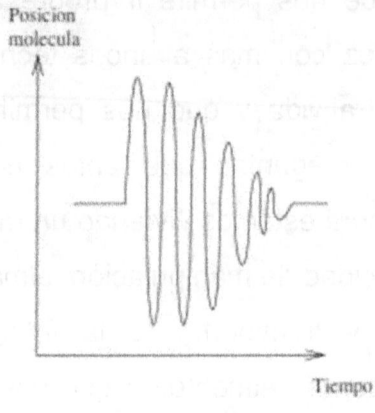

Señal acústica

Si medimos la vibración de una de estas moléculas, durante un intervalo corto de tiempo, y la pintamos, podría tener una pinta como la que se muestra en la figura, esta vibración la llamaremos señal acústica. Cuando esta señal acústica incide sobre un micrófono, aparece una señal eléctrica que tiene una forma análoga a la de la señal acústica. Las vibraciones de las moléculas se han convertido en

variaciones del voltaje, que al final se traducen en vibraciones de los electrones. Es decir, que con los micrófonos lo que conseguimos es que los electrones vibren de una manera análoga a cómo lo hacen las moléculas del aire. Esta nueva señal eléctrica que aparece, se denomina señal analógica, puesto que es análoga a la señal acústica original. De esta manera, con señales eléctricas conseguimos imitar las señales del mundo real. Y lo que es más interesante, conseguimos que la información que se encuentra en la vibración de las moléculas del aire, pase a los electrones. Cuanto mejor sea el micrófono, más se parecerá la señal eléctrica a la acústica, y la información se habrá "copiado" con más fidelidad. La electrónica analógica trata con este tipo de señales, análogas a las que hay en el mundo real, modificando sus características (ej. amplificándola, atenuándola, filtrándola). Fijémonos en el esquema donde la persona que habla emite una señal acústica que es convertida en una señal electrónica analógica por el micrófono. Estas dos señales son muy parecidas, pero la que sale del micrófono es más pequeña. Por ello se introduce en un circuito electrónico, llamado amplificador, que la "agranda" (la ha manipulado). A continuación esta señal se puede registrar en una cinta magnética de audio. Lo que se graba es una "copia" de la señal, pero ahora convertida a señal magnética. En cualquier momento la señal se puede volver a recuperar, convirtiéndose de señal magnética nuevamente a señal eléctrica.

Una parte del sistema se ha llamado "sistema de transmisión-recepción" indicándose con esto que la señal eléctrica se puede transportar (Por ejemplo el sistema telefónico).

Finalmente se introduce por un altavoz que realiza la conversión inversa: pasar de una señal eléctrica a una acústica que se puede escuchar.

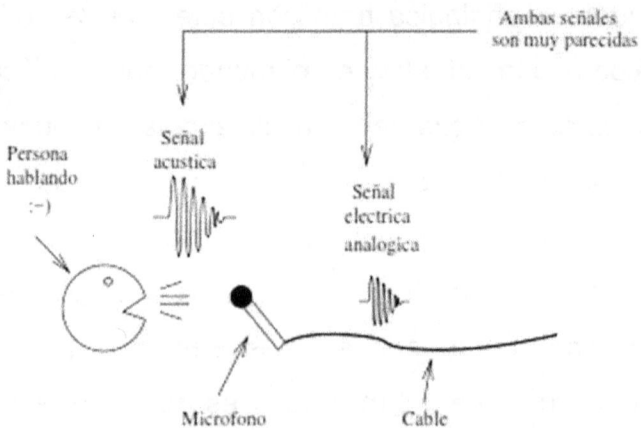

Conversión de una señal acústica en una señal eléctrica

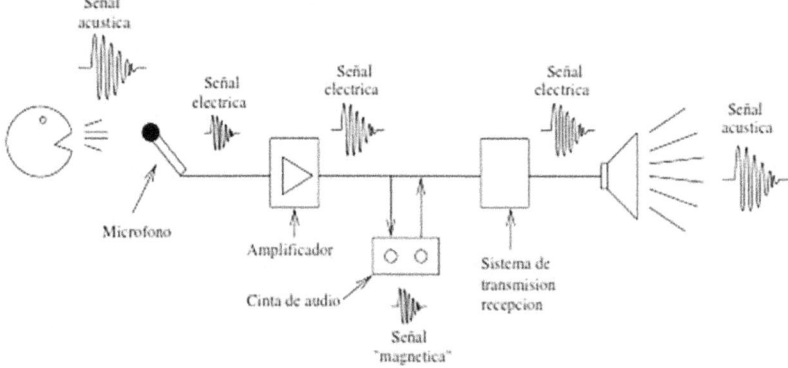

Un sistema de tratamiento de voz, con electrónica analógica

*Los problemas de los sistemas analógicos son:*

1. La información está ligada a la forma de la onda. Si esta se degrada, se pierde información.

2. Cada tipo de señal analógica necesita de unos circuitos electrónicos particulares (No es lo mismo un sistema electrónico para audio que para vídeo, puesto que las señales tienen características completamente diferentes).

En las señales analógicas, la información se encuentra en la forma de la onda

*Electrónica digital*

Existe otra manera de modificar, almacenar, recuperar y transportar las señales, solucionando los problemas anteriores. Es un enfoque completamente diferente,

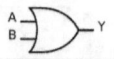

que se basa en convertir las señales en números. Existe un teorema matemático (teorema de muestreo de Nyquist) que nos garantiza que cualquier señal se puede representar mediante números, y que con estos números se puede reconstruir la señal original. De esta manera, una señal digital, es una señal que está descrita por números. Es un conjunto de números. Y la electrónica digital es la que trabaja con señales digitales, o sea, con números. Son los números los que se manipulan, almacenan, recuperan y transportan. Reflexionemos un poco. Estamos acostumbrados a escuchar el término televisión digital, o radio digital. ¿Qué significa esto? Significa que lo que nos están enviando son números. Que la información que nos envían está en los propios números y no en la forma que tenga la señal que recibidos. ¿Y qué es un sistema digital?, un sistema que trabaja con números. ¿Y un circuito digital? Un circuito electrónico que trabaja con números. Y sólo con números. Si nos fijamos, con un ordenador, que es un sistema digital, podemos escuchar música o ver películas. La información que está almacenada en el disco duro son números. En la figura se muestra un sistema digital. La señal acústica se convierte en una señal eléctrica, y a través de un conversor analógico-digital se transforma en números, que son procesados por un circuito digital y finalmente convertidos de nuevo en una señal electrónica, a través de un conversor digital-analógico, que al atravesar el altavoz se convierte en una señal acústica. El utilizar circuitos y sistemas que trabajen sólo con números tiene una ventaja muy importante: Se pueden realizar manipulaciones con independencia de la señal que se esté introduciendo: Datos, voz, vídeo... Un ejemplo muy claro es internet. Internet es una red digital, especializada en la transmisión de números. Y esos números pueden ser datos, canciones, vídeos, programas, etc... La red no sabe qué tipo de señal transporta, "sólo ve números".

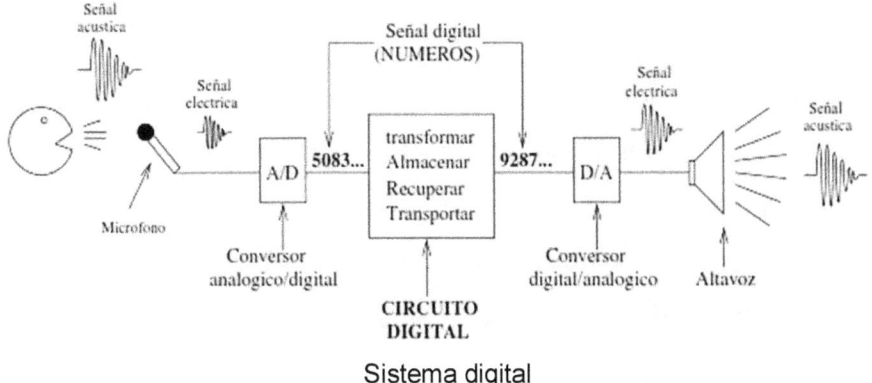

Sistema digital

La electrónica digital trabaja con números. La información está en los números y no en la forma de señal. Cualquier señal siempre se puede convertir a números y recuperarse posteriormente.

*Circuitos y sistemas digitales*

Un circuito digital realiza manipulaciones sobre los números de entrada y genera unos números de salida

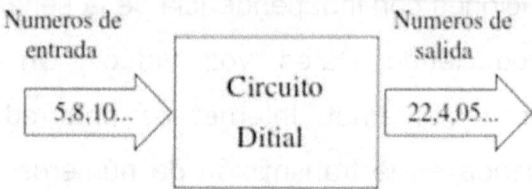

Circuito digital genérico

*Sistemas de numeración*

La información que se va a manejar en cualquier sistema digital tiene que estar representada numéricamente.

Para ello, necesitaremos un sistema de numeración acorde con las características intrínsecas de este tipo de señales.

Un sistema de numeración se define como un conjunto de símbolos capaces de representar cantidades numéricas.

A su vez, se define la base del sistema de numeración como la cantidad de símbolos distintos que se utilizan para representar las cantidades.

Cada símbolo del sistema de numeración recibe el nombre de dígito.

Así, los sistemas de numeración más utilizados son:

| | |
|---|---|
| Sistema decimal o de base 10 | Consta de diez dígitos: {0, 1, 2, 3, 4, 5, 6, 7, 8, 9}. |
| Sistema binario o de base 2 | Consta de dos dígitos: {0, 1}. |
| Sistema octal o de base 8 | Consta de ocho dígitos: {0, 1, 2, 3, 4, 5, 6, 7}. |
| Sistema hexadecimal o de base 16 | Consta de dieciséis dígitos: {0, 1, 2, 3, 4, 5, 6, 7, 8, 9, A, B, C, D, E, F}. |

En Informática, suelen usarse el sistema octal y el hexadecimal.

Este último fue introducido por IBM en los ordenadores en el año 1963.

*Sistemas de numeración más utilizados.*

El sistema que utilizamos habitualmente es el sistema decimal, sin embargo, el sistema empleado en los equipos digitales es el sistema binario.

Por tanto, es necesario conocer cómo podemos relacionar ambos sistemas.

*Sistema binario*

Como ya hemos estudiado, el sistema binario o de base 2 solo utiliza dos símbolos para representar la información: 0 y 1.

Cada uno de ellos recibe el nombre de bit, que es la unidad mínima de información que se va a manejar en un sistema digital.

A partir de esta información, vamos a analizar cómo podemos convertir un número dado en el sistema decimal en un número representado en el sistema binario.

*Ejercicio*

A) Convertir el número 34 dado en decimal a su equivalente en binario.

*Solución*

*Los pasos que debemos dar son los siguientes:*

1. Realizamos sucesivas divisiones del número decimal, por la base del sistema binario 2, hasta llegar a un número no divisible:

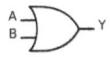
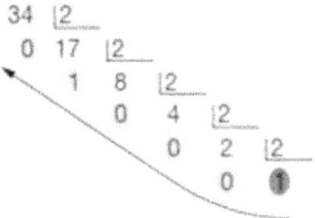

En la operación, está marcado en rojo el último cociente que obtenemos (ya no se puede dividir entre 2) y en amarillo los restos de cada una de las divisiones parciales.

2. El número binario pedido se forma cogiendo el último cociente obtenido, y todos los restos, en el orden que está marcado por la flecha en la figura. De esta forma, el resultado será: $100010_2$.

B) Convertir el siguiente binario 1011 en su equivalente número decimal.

*Solución*

En este caso, lo que debemos hacer es multiplicar cada bit, empezando por la izquierda en dirección hacia la derecha, por las potencias de 2 y a continuación sumamos tal como se muestra en el siguiente ejemplo:

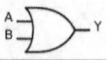

$$1011_2 = 1\cdot2^0 + 1\cdot2^1 + 0\cdot2^2 + 1\cdot2^3 = 1+2+0+8 = 11_{10}$$

Como podemos ver, el número binario 1011 se corresponde con el número 11 decimal.

Luego el binario será: $1011_2 = 11_{10}$

Su uso actual está muy vinculado a la informática y a los sistemas computacionales, pues los ordenadores suelen utilizar el byte u octeto como unidad básica de memoria.

En principio, y dado que el sistema usual de numeración es de base decimal y, por tanto, solo se dispone de diez dígitos, se adoptó la convención de usar las seis primeras letras del alfabeto latino para suplir los dígitos que nos faltan.

Así, el conjunto de símbolos hexadecimales es:

0, 1, 2, 3, 4, 5, 6, 7,8, 9, A, B, C, D, E, F.

Donde la letra A es el 10 decimal, la letra B es el 11 decimal, etc.

La Tabla recoge la conversión de los números decimales a binarios y a hexadecimales:

| N.º decimal | N.º binario | N.º hexadecimal | N.º decimal | N.º binario | N.º hexadecimal |
|---|---|---|---|---|---|
| 8 | 1000 | 8 | 0 | 0 | 0 |
| 9 | 1001 | 9 | 1 | 1 | 1 |
| 10 | 1010 | A | 2 | 10 | 2 |
| 11 | 1011 | B | 3 | 11 | 3 |
| 12 | 1100 | C | 4 | 100 | 4 |
| 13 | 1101 | D | 5 | 101 | 5 |
| 14 | 1110 | E | 6 | 110 | 6 |
| 15 | 1111 | F | 7 | 111 | 7 |

Conversión de los números decimales
a binarios y hexadecimales.

Al igual que un número binario tiene su equivalente decimal, un número hexadecimal también se puede convertir a decimal, y a su vez un número decimal se puede convertir o tiene su equivalencia en uno hexadecimal.

Es importante tener en cuenta que el sistema octal utiliza la base 8.

El conjunto de símbolos octales sería: 0, 1, 2, 3, 4, 5, 6, 7.

Por otra parte, la conversión de binario a octal se realiza igual que la conversión de binario a hexadecimal pero con grupos de tres bits; y en el caso de hexadecimal a binario, igual pero con grupos de tres bits para la conversión de octal a binario.

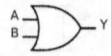

*Ejercicios*

A) Pasa los siguientes números decimales a binarios:

    a) 678.

    b) 12.

    c) 18.

    d) 19.

B) Pasa los siguientes números binarios a decimales:

    a) 1000111.

    b) 1001.

    c) 10000.

    d) 10101.

*Circuitos digitales y el Sistema binario*

Ahora que ya tenemos un poco más claro el concepto de número y las diferentes formas que tenemos de representarlo, podemos retomar el esquema de un circuito digital (Figura) para precisarlo un poco más.

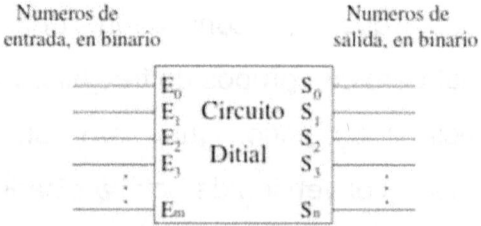

Circuito digital genérico, con entradas y salidas binarias

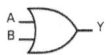

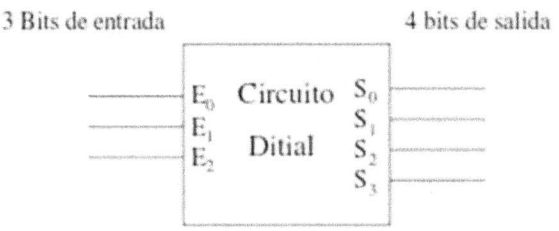

Circuito digital con tres bits de entrada y 4 de salida

Con la tecnología que hay actualmente, los circuitos digitales manipulan números que están representados en binario. Así podemos decir que un circuito digital actual tiene como entradas y salidas números en binario. Es decir, números que vienen expresados con los dígitos '0' y '1'. En la figura se ha dibujado un circuito digital genérico, en el que sus entradas y salidas se expresan en binario. Cada una de las entradas y salida representa un dígito binario. ¿Pero cuál es el peso de este dígito? Eso nos lo indican los subíndices de las letras E y S. Así, la entrada se corresponde con el dígito de menor peso, la entrada con los dígitos de peso, y así sucesivamente hasta la entrada n que es la de mayor peso. Lo mismo es aplicable a la salida. En los circuitos digitales, los números que se procesan, están expresados en binario, tanto en la entrada como en la salida. Un dígito binario, que puede ser '0' ó '1', recibe el nombre de BIT, del término inglés binary digit (dígito binario). Utilizaremos los bits para indicar el tamaño de las entradas y salidas de nuestros circuitos. Así por ejemplo podemos tener un circuito digital con 3 bits de entrada y 4 de salida. Este circuito se muestra en la figura. Los circuitos digitales sólo saben trabajar con números en binario, sin embargo a los humanos nos es más cómodo trabajar en decimal. Trabajar con número binarios puede parecer "poco intuitivo". Vamos a ver cómo en determinadas ocasiones resulta muy intuitivo el trabajar con números binarios. Imaginemos que en una habitación hay 5 bombillas situadas en la misma línea, y que cada una de ellas puede estar encendida o apagada. ¿Cómo podríamos representar el estado de estas 5 bombillas mediante números? Una manera muy intuitiva sería utilizar el sistema binario, en el que utilizaríamos el dígito 1 para indicar que la bombilla está encendida y el dígito 0 para indicar que está apagada. Así el número 01011 nos indica que la primera bombilla está apagada, la segunda encendida, la tercera apagada y las dos últimas encendidas, como se muestra en la figura.

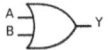

Esta forma de representar el estado de las bombillas es bastante intuitivo. Este es un ejemplo en el que se puede ver que "pensar" en binario resulta más fácil que hacerlo directamente en decimal.

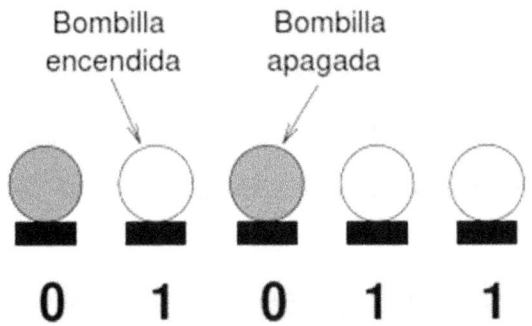

Utilización del sistema binario para expresar el estado
de 5 bombillas

*Bits y electrónica*

Todavía nos queda una cosa por resolver. En la electrónica trabajamos con electrones, forzándolos a que hagan lo que nosotros queremos. En el caso de los circuitos digitales, lo que hacemos es operar con números. ¿Cómo conseguimos esto? ¿Cómo introducimos los números en los circuitos digitales? La solución a esto es asignar un voltaje a cada uno de los dos estados de un bit. Lo normal, conocido como lógica TTL, es asignar el valor de 5 voltios al dígito '1'

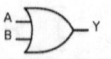

y 0 voltios al dígito '0'. Esta asignación de valores depende de la tecnología empleada.

En la figura se muestra un circuito digital que tiene un bit de entrada.

Si queremos introducir un dígito '1' ponemos el interrupción en la posición A, de manera que por la entrada E llegan 5 voltios.

Si queremos introducir un dígito '0' ponemos el interruptor en la posición B, por lo que llegan cero voltios.

En los circuitos digitales, se usan dos tensiones diferentes, una para representar el dígito '1' y otra para representar el dígito '0'.

En la electrónica tradicional se usan 5 voltios para el digito '1' y 0 voltios para el digito '0'.

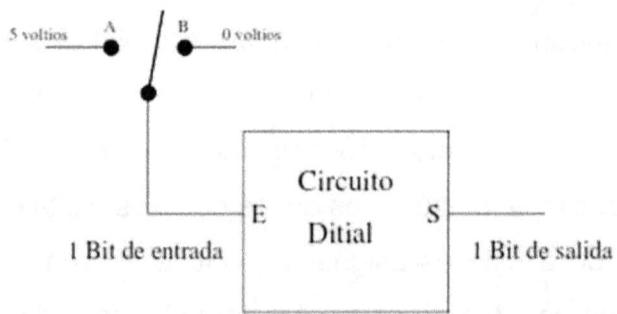

Cómo introducir dígitos binarios por un bit de la entrada de un circuito digital

## Álgebra de Boole

*Función lógica*

El álgebra de Boole y los sistemas de numeración binarios vistos hasta ahora constituyen la base matemática para construir los sistemas digitales.

El álgebra de Boole es una estructura algebraica que relaciona las operaciones lógicas O, Y, NO.

A partir de estas operaciones lógicas sencillas, se pueden obtener otras más complejas que dan lugar a las funciones lógicas.

Por otra parte, hay que tener en cuenta que los valores que se trabajan en el álgebra de Boole son de tipo binario.

*Álgebra de Boole*

En el álgebra de Boole existen tres operaciones lógicas: suma, multiplicación y complementación o inversión.

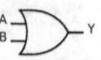

Sus postulados son los siguientes:

| Operación | Forma de representarla | Postulados básicos | |
|---|---|---|---|
| Suma | $F = a + b$ | $0 + 0 = 0$ | $a + 0 = a$ |
| | | $0 + 1 = 1$ | $a + 1 = 1$ |
| | | $1 + 1 = 1$ | $a + \bar{a} = 1$ |
| | | $a + a = a$ | |
| Multiplicación | $F = a \cdot b$ | $0 \cdot 0 = 0$ | $a \cdot 0 = 0$ |
| | | $0 \cdot 1 = 0$ | $a \cdot 1 = a$ |
| | | $1 \cdot 1 = 1$ | $a \cdot a = a$ |
| | | | $a \cdot \bar{a} = 0$ |
| Complementación o inversión | $F = \bar{a}$ | $\bar{0} = 1$ | |
| | $F = \overline{a \cdot b}$ | $\bar{1} = 0$ | |
| | | $\bar{\bar{a}} = a$ | |

Postulados del álgebra de Boole

Además de los postulados, se definen una serie de propiedades para sus operaciones, que son las siguientes:

- Propiedad conmutativa: $a + b = b + a$
$$a \cdot b = b \cdot a$$

- Propiedad asociativa: $a \cdot (b \cdot c) = (a \cdot b) \cdot c$
$$a + (b + c) = (a + b) + c$$

- Propiedad distributiva: $a \cdot (b + c) = a \cdot b + a \cdot c$
$$a + (b \cdot c) = (a + b) \cdot (a + c)$$

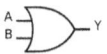
Por último, para la simplificación de circuitos digitales, además de estas propiedades resultan fundamentales las leyes de De Morgan:

- Primera ley de De Morgan: $\overline{a + b} = \overline{a} \cdot \overline{b}$
- Segunda ley de De Morgan: $\overline{a \cdot b} = \overline{a} + \overline{b}$

Las leyes de De Morgan deben su nombre a su creador, Augustus De Morgan (1806-1871), matemático de origen inglés nacido en la India que fue el primer presidente de la Sociedad de Matemáticas de Londres.

*Función lógica*

Se denomina función lógica a toda expresión algebraica formada por variables binarias que se relacionan mediante las operaciones básicas del álgebra de Boole.

Una función lógica podría ser por ejemplo la siguiente:

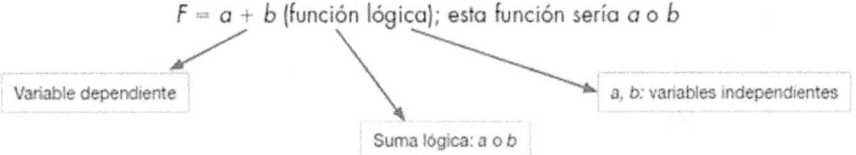

$F = a + b$ (función lógica); esta función sería a o b

Variable dependiente

Suma lógica: a o b

a, b: variables independientes

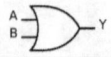
*Tabla de verdad de una función lógica*

*Puertas lógicas y circuitos integrados*

En el álgebra convencional es habitual ayudarse de representaciones gráficas para formular y resolver expresiones. El tipo de representación que se utiliza para el mismo fi n en el álgebra de Boole son las tablas de verdad.

*Tabla de verdad*

La tabla de verdad es una representación gráfica de todos los valores que puede tomar la función lógica para cada una de las posibles combinaciones de las variables de entrada.

Es un cuadro formado por tantas columnas como variables tenga la función más la de la propia función, y tantas filas como combinaciones binarias sean posibles construir.

El número de combinaciones posibles es $2^n$, siendo $n$ el número de variables. Así, si tenemos dos variables *(a, b)* tendremos: $2^2 = 4$ combinaciones binarias (00, 01, 10, 11), etc.

*Ejercicio*

Construcción de una tabla de verdad a partir de una función lógica.

Dada la función lógica: F = a + b, hemos de construir la tabla de verdad:

*Solución*

1. Tenemos dos variables, a y b, luego necesitamos dos columnas y la de la función.

2. Al tener dos variables, las combinaciones que podemos hacer son $2^2 = 4$ combinaciones.

Luego la tabla de verdad será:

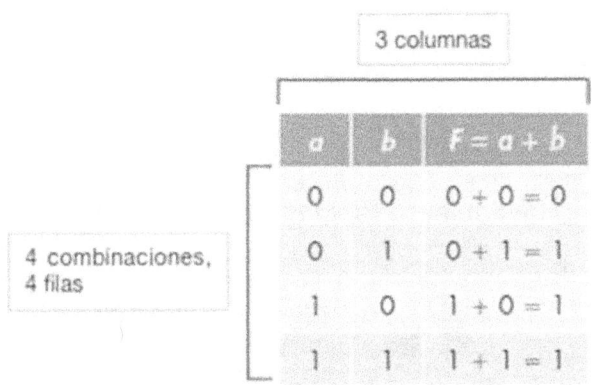

Tabla de la verdad

*Problema*

Dibuja la tabla de verdad para las siguientes funciones, indicando el número de variables y las combinaciones posibles:

a) $F = a \cdot b \cdot c$

b) $F = a + b + c$

c) $F = a \cdot (b \cdot c) + d$

d) $F = \overline{(a + b)} \cdot (a + b)$

e) $F = \overline{(a + b)} \cdot (a + b)$

f) $F = \overline{a \cdot b \cdot c}$

g) $F = c \cdot b \cdot a + \overline{c} \cdot \overline{b} \cdot a + \overline{c} \cdot b \cdot a$

Dada la siguiente tabla de verdad incompleta, rellena las variables que tiene y sus combinaciones:

Termina la siguiente tabla de verdad de la función F = a · b:

| a | b | F = a·b |
|---|---|---------|
| 0 | 0 | |
| 0 | 1 | |
| 1 | 0 | |

*Puertas lógicas*

Las puertas lógicas son pequeños circuitos digitales integrados cuyo funcionamiento se adapta a las operaciones y postulados del álgebra de Boole.

Las más importantes se muestran en la siguiente tabla:

| Nombre de la puerta | Equivalencia eléctrica y símbolo lógico: a) Equivalente eléctrico b) Símbolo ANSI c) Símbolo lógico tradicional | Tabla de verdad y función lógica |
|---|---|---|
| Puerta NOT | a) b) c) | NOT $s = \bar{a}$ |
| | | **a**    **s** |
| | | A    X |
| | | 0    1 |
| | | 1    0 |
| Puerta OR (O) | a) $A+B$ b) $A+B$ c) $A+B$ | $s = a + b$ |
| | | **a b s** |
| | | 0 0 0 |
| | | 0 1 1 |
| | | 1 0 1 |
| | | 1 1 1 |
| Puerta AND (Y) | a) $A \cdot B$ b) $A \cdot B$ c) $A \cdot B$ | $s = a \cdot b$ |
| | | **a b s** |
| | | 0 0 0 |
| | | 0 1 0 |
| | | 1 0 0 |
| | | 1 1 1 |
| Puerta X-OR (OR exclusiva) | a) $A \oplus B = A\bar{B} + \bar{A}B$ b) $A \oplus B$ c) $A \oplus B$ | $s = a \cdot \bar{b} + \bar{a} \cdot b$ |
| | | **a b s** |
| | | 0 0 0 |
| | | 0 1 1 |
| | | 1 0 1 |
| | | 1 1 0 |
| Puerta NOR (No O) | a) $\overline{A+B} = \bar{A} \cdot \bar{B}$ b) $\overline{A+B}$ c) $\overline{A+B}$ | $s = \overline{a + b}$ |
| | | **a b s** |
| | | 0 0 1 |
| | | 0 1 0 |
| | | 1 0 0 |
| | | 1 1 0 |
| Puerta NAND (No Y) | a) $\overline{A \cdot B} = \bar{A} + \bar{B}$ b) $\overline{A \cdot B}$ c) $\overline{A \cdot B}$ | $s = \overline{a \cdot b}$ |
| | | **a b s** |
| | | 0 0 1 |
| | | 0 1 1 |
| | | 1 0 1 |
| | | 1 1 0 |
| Puerta X-NOR (NOR exclusiva) | a) $\overline{A \oplus B} = AB + \bar{A}\bar{B}$ b) $\overline{A \oplus B}$ c) $\overline{A \oplus B}$ | $s = \bar{a} \cdot \bar{b} + a \cdot b$ |
| | | **a b s** |
| | | 0 0 1 |
| | | 0 1 0 |
| | | 1 0 0 |
| | | 1 1 1 |

*Circuitos integrados digitales comerciales*

Una de las metas de los fabricantes de componentes electrónicos es la superación del número de componentes básicos que pueden integrarse en una sola pastilla, ya que permite la reducción del tamaño de los circuitos, del volumen y del peso. Los componente básicos de los integrados son las puertas (Tabla), las cuales se encuentran dentro de un chip o en circuitos digitales integrados con una tecnología de Fabricación que trataremos en el siguiente apartado: TTL y CMOS.

Cada chip o circuito integrado (Figura) tiene una hoja de características que facilita el fabricante.

Existen chips con puertas lógicas con más de dos entradas, así:

Puertas NOR:

• 7427:7427:

3 NOR de dos entradas.

• 74260:74260:

2 NOR de cinco entradas.

Puertas NAND:

• 7410:7410:

3 NAND de tres entradas.

• 7420: 7420:

2 NAND de cuatro entradas.

• 7430:7430:

1 NAND de ocho entradas.

• 74133: 74133:

1 NAND de trece entradas.

Chip de puertas lógicas

A su vez, cada tipo de puerta tiene su integrado del tipo 74xx, donde 74 (tecnología TTL) es la serie con las características más importantes:

• Tensión de alimentación: 5 voltios.

• Temperatura de trabajo: de 0 a 70 ºC.

Y xx es un número que nos indica de qué tipo de puerta se trata.

Así lo recoge la siguiente tabla:

| Tipo de puerta (y nombre del circuito integrado) | Chip integrado | N.º de puertas |
|---|---|---|
| La puerta lógica NOT (7404) | | Tiene seis puertas NOT de una entrada cada una. |
| La puerta lógica OR (7432) | | Tiene cuatro puertas OR de dos entradas cada una. |
| La puerta lógica AND (7408) | | Tiene cuatro puertas AND con dos entradas cada una. |
| La puerta lógica X-OR (7486) | | Tiene cuatro puertas X-OR con dos entradas cada una. |
| La puerta lógica NOR (7402) | | Tiene cuatro puertas NOR con dos entradas cada una. |
| La puerta lógica NAND (7400) | | Tiene cuatro puertas NAND con dos entradas cada una. |

Chips integrados y Nº de puertas según el tipo de puerta lógica

Los circuitos integrados con puertas lógicas tienen 14 patillas, siendo la numeración como sigue (empezando por la patilla 1 con el semicírculo a nuestra izquierda):

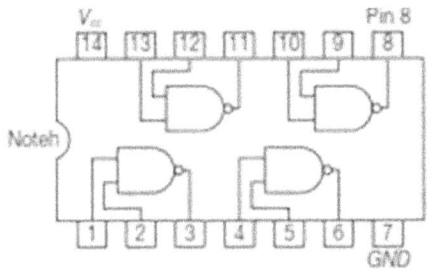
Estos chips tienen unos parámetros generales que vienen dados por el fabricante, como se puede ver en las hojas de características.

*Ejercicio*

Dado el siguiente esquema eléctrico (Fig), monta y simula el circuito y comprueba la tabla de verdad. Para ello utiliza un circuito 7432, que contiene cuatro puertas lógicas OR de dos entradas.

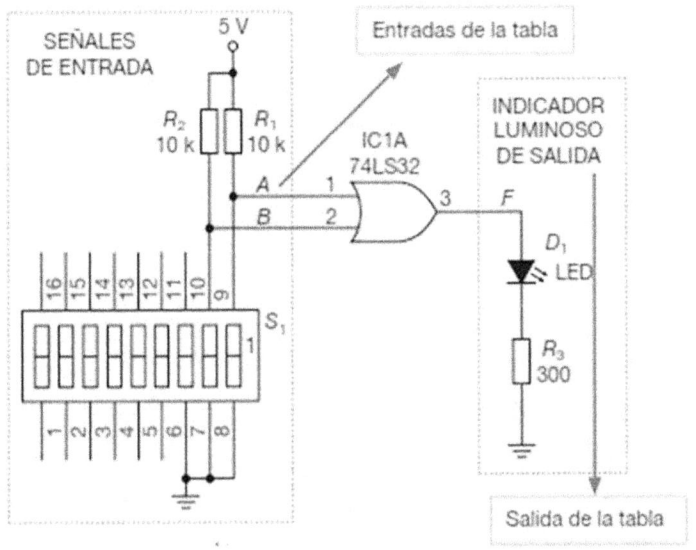

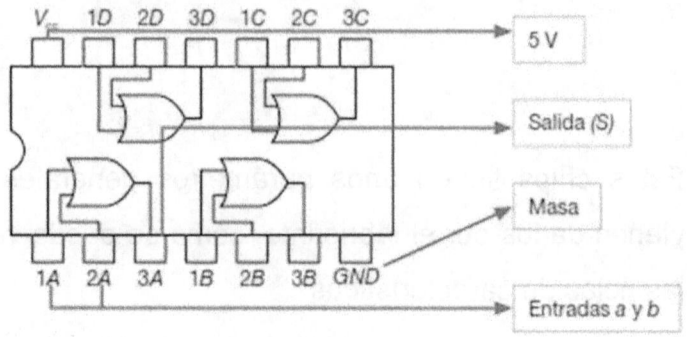

Tal como indica el enunciado, el circuito integrado que necesitamos es el 7432.

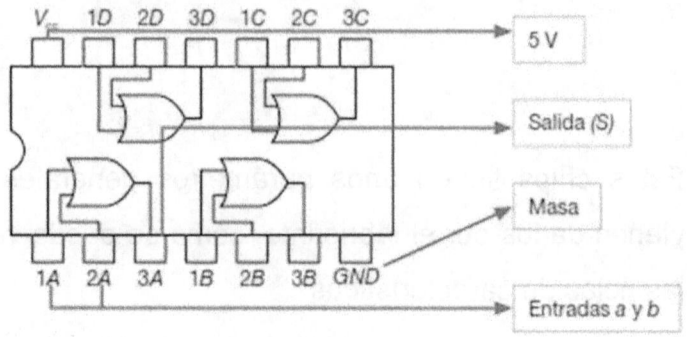

Por su parte, el montaje en el entrenador para la simulación es:

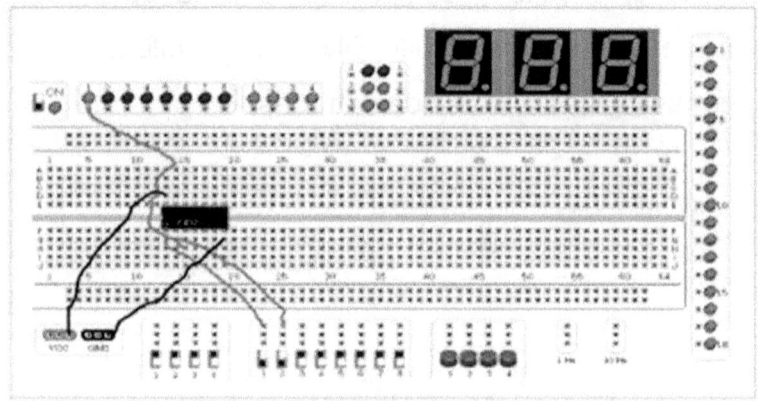

*Para todos los integrados de puertas lógicas*
En la patilla 14 ($V_{cc}$) hay que colocar el positivo de la fuente de alimentación del entrenador (5 V).

*Solución*

Si simulamos en el entrenador, los elementos mediante los cuales vamos a aplicar los niveles digitales a nuestro montaje (0 y 1 lógicos) son los interruptores (Fig.), que a su vez son las variables de entrada:

Estados de un interruptor

Estos estados permiten a estos dispositivos introducir un nivel lógico 0 o 1, según la posición en que se encuentren, cerrado o abierto.

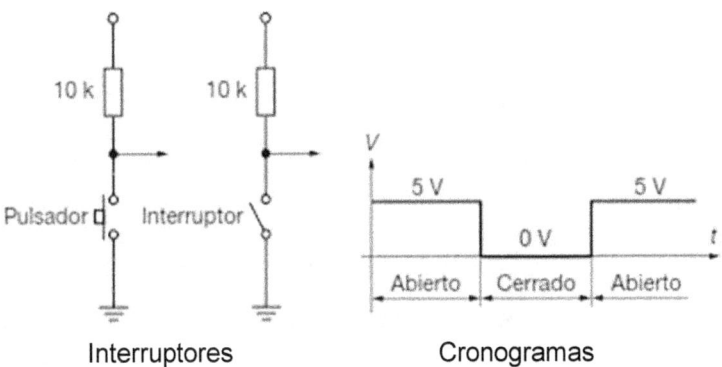

Interruptores                    Cronogramas

Los niveles lógicos se representan en cronogramas como el de la Figura. La salida de la tabla de verdad

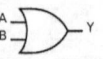

iría al LED, y si el LED se enciende es un 1, y si no se enciende un 0. Con estos datos podemos construir la tabla de verdad (Fig.):

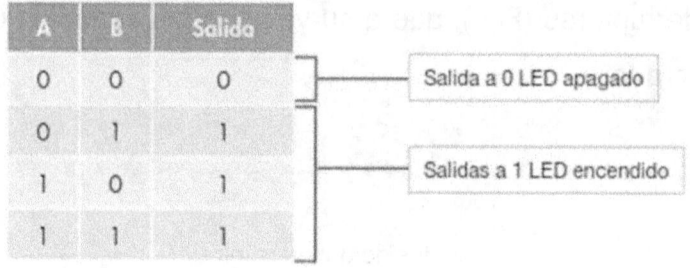

| A | B | Salida | |
|---|---|--------|---|
| 0 | 0 | 0 | Salida a 0 LED apagado |
| 0 | 1 | 1 | |
| 1 | 0 | 1 | Salidas a 1 LED encendido |
| 1 | 1 | 1 | |

*Familias lógicas*

Como consecuencia de las diferentes técnicas de fabricación de los circuitos integrados, podemos encontrarnos con diversas familias lógicas, que se clasifican en función de los transistores con los que están construidas.

Así, cuando se utilizan transistores bipolares se obtiene la familia denominada TTL, y si se utilizan transistores unipolares, se obtiene la familia CMOS. Cada una de estas familias tiene sus ventajas e inconvenientes, por eso, para el diseño de equipos digitales se utilizará la más adecuada en cada caso.

Las características de todas las familias lógicas integradas son las siguientes:

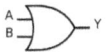

• Alta velocidad de propagación.

• Mínimo consumo.

• Bajo coste.

• Máxima inmunidad al ruido y a las variaciones de temperatura.

A continuación estudiaremos ambos tipos de familias: TTL y CMOS.

*Familia lógica TTL*

Las siglas TTL significan Lógica Transistor-Transistor (del inglés, Transistor-Transistor Logic). En este caso, las puertas están constituidas por resistencias, diodos y transistores. Esta familia comprende varias series, una de las cuales es la 74, y cuyas características son:

• Tensión comprendida entre 4,5 y 5,5 V.

• Temperatura entre 0 y 70 °C.

• $V_{IH\,mín.} = 2,0$ V.

• $V_{IL\,máx.} = 0,8$ V.

• $V_{OH\,mín.} = 2,4$ V.

• $V_{OL\,máx.} = 0,4$ V.

• Tiempo de propagación medio, 10 ns.

• Disipación de potencia, 10 mW por función.

Otra serie es la 54, que presenta las mismas características que la serie 74, con la diferencia de que la temperatura de trabajo está comprendida entre

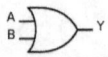

255 ºC y 125 ºC. Esta serie se utiliza en aplicaciones espaciales. Las puertas más utilizadas son las de la serie 74, que son más comerciales. En concreto, las más empleadas son las que tienen como referencia 74Lxx, donde la L significa Low-power, y cuyas características son:

• Potencia disipada por puertas: 1 mW.
• Tiempo de propagación: 33 ns.

A su vez, la S (74Sxx) significa *Schottky*, y sus características son:

• Potencia disipada por puertas: 19 mW.
• Tiempo de propagación: 3 ns.

Finalmente, LS (74LSxx) significa *Low-power Schottky*, y sus características son:

• Potencia disipada por puertas: 2 mW.
• Tiempo de propagación: 10 ns.

*Familia lógica CMOS*

En esta familia el componente básico es el transistor MOS (Metal-Óxido-Semiconductor).

Los circuitos integrados CMOS son una mezcla entre la NMOS, constituida por transistores de canal N, y la PMOS, cuyo elemento fundamental es el transistor MOS de canal P.

La familia CMOS básica que aparece en los catálogos de los fabricantes es la serie 4000. Sus características más importantes son:

- La tensión de alimentación varía entre 3 y 18 V.

- El rango de temperaturas oscila entre −40 y 85 °C.

- Los niveles de tensión son: $V_{IL\ min} = 3,5\ V$; $V_{IL\ máx} = 1,5\ V$; $V_{OH\ min} = 4,95\ V$; $V_{OL\ máx} = 0,05\ V$.

- Los tiempos de propagación varían inversamente con la tensión de alimentación, siendo de 60 ns para 5 V y de 30 ns para 10 V.

- La potencia disipada por puerta es de 10 nW.

Inicialmente, se fabricaron circuitos CMOS con la misma disposición de las puertas en los circuitos integrados que en las familias TTL. Así, se generó la familia 74C, compatible con la familia TTL, cuyas características son muy parecidas a las de la familia 4000.

Debido a las mejoras en la fabricación, se desarrollaron las series 74HC (alta velocidad) y la 74HCT (alta velocidad compatible con los niveles TTL).

Estas series poseen características muy parecidas a las LS de la familia TTL, pero con consumos inferiores.

Las series más utilizadas son las 74HCxx, donde HC significa High speed CMOS. El tiempo de propagación de estas series ofrece valores del orden de 8ns y se alimentan con tensiones de entre 2 y 6 V.

Compatibilidad entre las familias lógicas TTL y CMOS

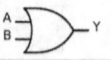

Si queremos conectar las distintas familias lógicas entre sí, tenemos que tener en cuenta su compatibilidad, tanto de corriente como de tensión.

*Compatibilidad de corriente*

Para conectar la salida de un circuito con la entrada de otro, el circuito de la salida debe suministrar suficiente corriente en su salida, tanta como necesite la entrada del otro circuito.

Por tanto se tiene que cumplir que:

$$- I_{OH\,máx.} \geqslant I_{IH\,máx.} \text{ nivel alto}$$
$$- I_{OL\,máx.} \geqslant I_{IL\,máx.} \text{ nivel bajo}$$

*Compatibilidad de tensión*

Si queremos conectar la salida de un circuito con la entrada de otro circuito, se tiene que verificar que:

$$- V_{OL\,máx.} \leqslant V_{IL\,máx.} \text{ nivel bajo}$$
$$- V_{OH\,min.} \geqslant V_{IH\,min.} \text{ nivel alto}$$

Dado que la primera condición se cumple casi siempre, lo que tenemos es que verificar que se cumple la última (de nivel alto).

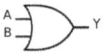

## Instrumentos de medida

En este apartado vamos a conocer los diferentes instrumentos de medida que se usan con mayor frecuencia para el estudio de los circuitos integrados aprendidos.

*Sonda lógica*

La sonda lógica es un instrumento de medida que se utiliza con mucha frecuencia en electrónica digital y que sirve para comprobar el nivel lógico existente en la entrada o en un circuito digital. La sonda tiene tres LED: rojo para el nivel de lógica alto; verde para el nivel de lógica bajo; y amarillo para pulsos. Cuando tocamos la patilla de un circuito integrado con la punta de prueba de una sonda lógica, se encenderá uno de los LED, dependiendo del nivel. Además, la sonda cuenta con dos cables con pinzas: una de color rojo y otra negra. Al usarse, la pinza roja debe conectarse al positivo del circuito y la negra al negativo. Al efectuar la conexión, el LED amarillo puede pestañear una o dos veces, pero si parpadea continuamente significa que el suministro de alimentación tiene excesiva ondulación. La sonda lógica nos puede ayudar a encontrar averías en los circuitos digitales, ya que aunque se podría utilizar un polímetro, este no puede detectar los cambios rápidos de los niveles lógicos que tiene la patilla de un circuito integrado, por eso resulta más adecuado utilizar la sonda lógica. En la Figura se muestra una sonda lógica y sus elementos:

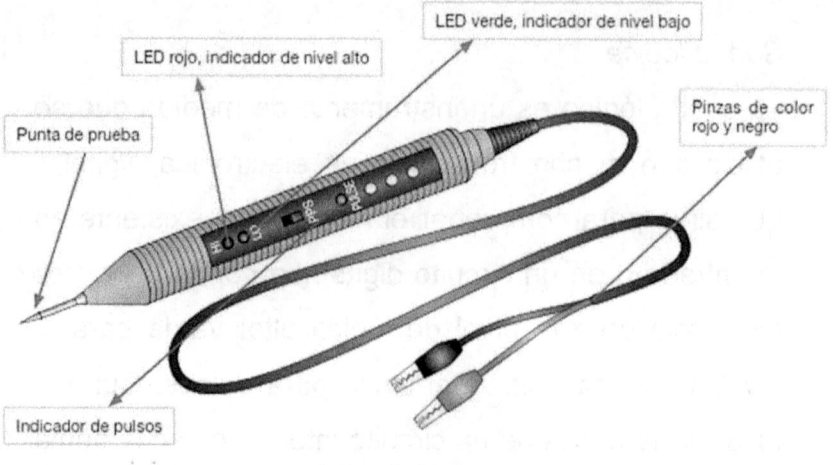

Sonda lógica

Comprobando el nivel de un circuito integrado

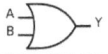

*Pinza lógica*

Cuando utilizamos una sonda lógica puede que se produzcan cortocircuitos involuntarios entre los pines del circuito integrado, y entonces solo se pueda visualizar un punto simultáneamente.

Sin embargo, dado que en ocasiones tendremos que visualizar simultáneamente el estado de varias o todas las patillas de un circuito integrado, y en este caso la sonda lógica resulta insuficiente, emplearemos otro instrumento de medida: la pinza lógica.

Para cada circuito integrado existe una pinza concreta, que depende del número de patillas. Así, por ejemplo, una pinza de 16 patillas permite comprobar el funcionamiento de un circuito integrado de 16 patillas, así como el estado lógico de todas las patillas del circuito integrado, ya que para cada patilla contamos con un diodo LED.

*Inyector lógico*

El inyector lógico (Fig. es otro instrumento de medida muy utilizado para comprobar el funcionamiento de los circuitos integrados. Conectado a una de las patillas de entrada del circuito integrado, introduce un tren de pulsos en el mismo que, junto con la sonda lógica a la salida, nos permite verificar si el circuito funciona correctamente.

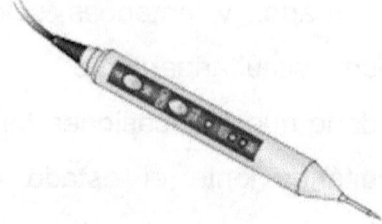

*Analizador lógico*

El analizador lógico (Fig.) es un aparato de medida que recoge los datos de un circuito digital y los muestra en una pantalla.

Se parece al osciloscopio, pero este instrumento es capaz de mostrar no solo dos o tres señales (muestran los cronogramas) como lo hace el osciloscopio, sino que puede mostrar las señales de múltiples canales.

Se emplea con mucha frecuencia para detectar errores en los circuitos digitales.

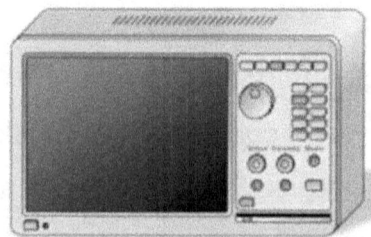

*Comprobación con una sonda lógica del nivel lógico de un circuito integrado*

En la Figura se muestra un chip 74LS32. Hemos de comprobar, con una sonda lógica, el nivel lógico a la salida del circuito integrado, y realizar su tabla de verdad.

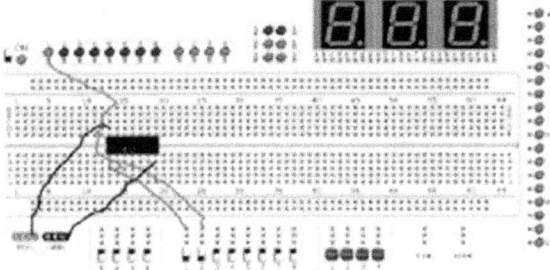

*Solución*

Se conecta la sonda lógica a la salida del chip, o sea a la patilla número 3, y se puede comprobar que cuando la salida es un 1, se enciende el LED rojo, y cuando da un 0 a la salida, se enciende el verde. Luego la tabla de verdad es:

| A | B | Salida |
|---|---|--------|
| 0 | 0 | 0 |
| 0 | 1 | 1 |
| 1 | 0 | 1 |
| 1 | 1 | 1 |

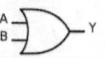
## Ejercicios

Dado el siguiente montaje de un circuito integrado 74LS86, conecta una sonda lógica a la salida del chip y comprueba la tabla de verdad.

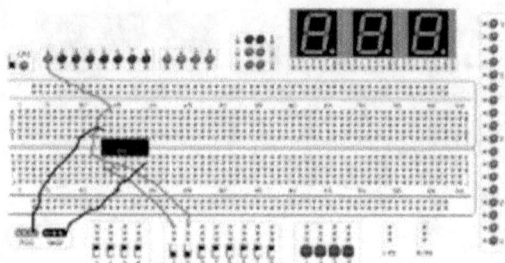

*Práctica*

Comprobación de la tabla de verdad de las puertas NAND y NOR.

1. Objetivo

Realizar el montaje en un entrenador digital y simular los siguientes esquemas eléctricos, utilizando para ello los chips con tecnología TTL necesarios.

Nota: el diodo LED está integrado en el entrenador, por lo que ya lleva la resistencia correspondiente.

Los esquemas eléctricos a montar son los siguientes:

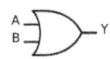

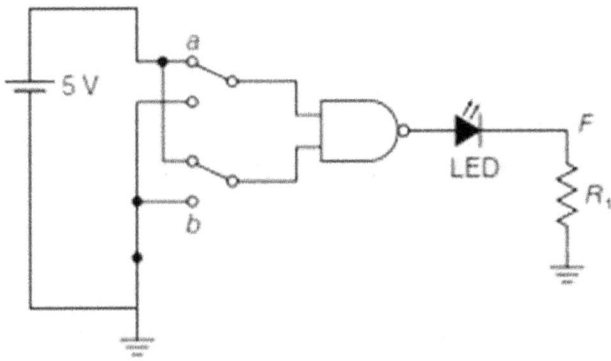

Esquema Puerta NAND

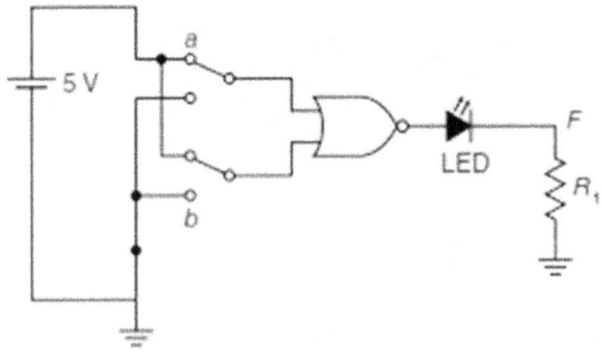

Esquema Puerta NOR

## 2. Materiales

• Entrenador digital con placa BOARD para el montaje de los circuitos.

• Circuitos integrados: 74LS00 para la puerta NAND y el 74LS02 para la puerta NOR.

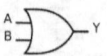

• Un diodo LED.

• Una fuente de alimentación de 5 V del entrenador.

• Cables.

• Hoja de características del fabricante.

3. Técnica

1. Coloca los dos circuitos integrados sobre la placa BOARD. Realiza las conexiones de alimentación para ambos: Vcc al positivo de la fuente de alimentación y GND al negativo (Fig.).

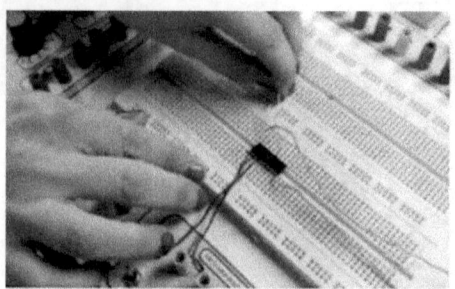

2. Conecta a cada entrada del 74LS00 y 74LS02 un interruptor para simular la combinación binaria de entrada (Fig.).

3. Conecta a cada salida del 74LS00 y 74LS02 un diodo LED (Fig.).

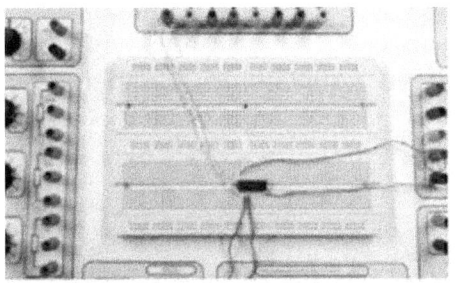

4. Trabaja primero con un integrado y luego con otro, pero aplica a los dos el mismo procedimiento.

5. Introduce las combinaciones binarias en los interruptores, que son las variables de entrada (a y b).

6. Realiza las tablas de verdad de los dos integrados, siendo la salida 1 cuando el LED se encienda y la salida 0 cuando el LED esté apagado, y rellénala.

| a | b | F (diodo LED) para el chip 74LS02 | F (diodo LED) para el chip 74LS00 |
|---|---|---|---|
| 0 | 0 | | |
| 0 | 1 | | |
| 1 | 0 | | |
| 1 | 1 | | |

4. Cuestiones

1. ¿Qué tipo de tecnología hemos utilizado?

2. Analiza la hoja de características del fabricante y explica los parámetros fundamentales de cada uno.

3. ¿Cuál es su equivalente eléctrico? ¿Y la función lógica de cada puerta?

*Tests*

1. Si aplicamos las leyes de De Morgan a la siguiente función: $F = \overline{a + b}$, obtenemos:
   a) $F = a \cdot b$.
   b) $F = a + b$.
   c) $F = \overline{a} \cdot \overline{b}$.
   d) $F = \overline{a \cdot b}$.

2. Si aplicamos las leyes de De Morgan a la siguiente función: $F = \overline{a \cdot b}$, obtenemos:
   a) $F = a \cdot b$.
   b) $F = a + b$.
   c) $F = \overline{a \cdot b}$.
   d) $F = \overline{a} + b$.

3. Si tenemos tres variables de entrada para construir la tabla de verdad, ¿cuántas combinaciones necesita?
   a) 4.
   b) 16.
   c) 8.
   d) 6.

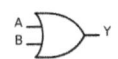

**4.** La función de una puerta OR es:

a) $F = a \cdot b$.

b) $F = \overline{a \cdot b}$.

c) $F = a + b$.

d) $F = \overline{\overline{a \cdot b}}$.

**5.** La función de una puerta NAND es:

a) $F = a \cdot b$.

b) $F = \overline{a \cdot b}$.

c) $F = a + b$.

d) Ninguna es correcta.

**6.** ¿Cuál de estos chips tiene tecnología TTL?

a) 74LS00.

b) 74LS32.

c) 74LS02.

d) Todos los chips anteriores.

**7.** El chip 74LS86 es un chip con puertas:

a) NOR.

b) X-OR.

c) NAND.

d) NOT.

**8.** La puerta que hace la función de inversor es la:

a) NOT.

b) NOR.

c) NAND.

d) Ninguna es correcta.

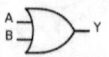
**9.** Las características ideales de los circuitos integrados son:

*a)* Alta velocidad de propagación.

*b)* Mínimo consumo.

*c)* Bajo coste.

*d)* Todas las anteriores son correctas.

**10.** Un integrado con tecnología CMOS es:

*a)* 74LS00.

*b)* 74LS08.

*c)* 74HC02.

*d)* Ninguna es correcta.

**11.** $t_{PHL}$ es el tiempo de propagación de:

*a)* Nivel bajo a nivel alto.

*b)* Nivel alto a nivel bajo.

*c)* Nivel medio a nivel alto.

*d)* Nivel bajo a nivel medio.

**12.** $t_{PLH}$ es el tiempo de propagación de:

*a)* Nivel bajo a nivel alto.

*b)* Nivel alto a nivel bajo.

*c)* Nivel medio a nivel alto.

*d)* Nivel bajo a nivel medio.

**Soluciones:** 1c, 2d, 3c, 4c, 5b, 6d, 7b, 8a, 9d, 10c, 11b, 12a.

## Problemas de repaso

1. Pasa los siguientes números decimales a binarios:

   a) 789.

   b) 657.

   c) 312.

   d) 24.

   e) 16.

2. Pasa los siguientes números binarios a decimales:

   a) 100101.

   b) 11100.

   c) 1110.

   d) 0011.

   e) 0101.

3. Pasa los siguientes números binarios a hexadecimales:

   a) 1000111.

   b) 111000.

   c) 110101.

   d) 11010101.

   e) 111111.

4. Pasa los siguientes números hexadecimales a binarios:

   a) 87D.

   b) 8B.

   c) 34A.

   d) 55CB.

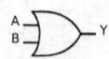
5. Pasa los siguientes números decimales a hexadecimales:

   a) 675.

   b) 45.

   c) 9.

   d) 89.

   e) 16.

   f) 14.

6. Pasa los siguientes números hexadecimales a decimales:

   a) 78B.

   b) 678.

   c) 10.

   d) 07.

   e) 9B.

7. Aplica los postulados de Boole en las siguientes funciones:

   a) $F = a + b \cdot (a + b)$.

   b) $F = a \cdot (a \cdot \overline{a}) + b \cdot \overline{(a + b)} \cdot a + b$.

   c) $F = a \cdot 0 + b \cdot b + 0 \cdot a$.

   d) $F = \overline{a + b} \cdot (a + b)$.

   e) $F = \overline{a \cdot b \cdot (a \oplus b) \cdot c}$.

   f) $F = \overline{a + b + c} \cdot (a + b) \cdot (a \oplus b)$.

## Identificar las funciones lógicas básicas

8. Obtén la función lógica y la tabla de verdad de las siguientes puertas lógicas:

a)

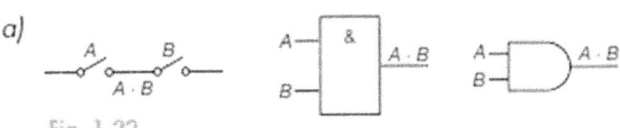

Fig. 1.22.

b)

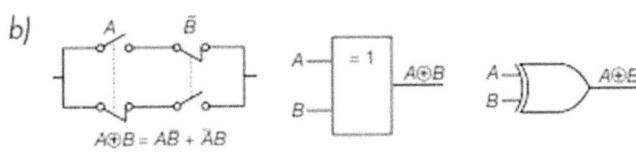

Fig. 1.23.

c)

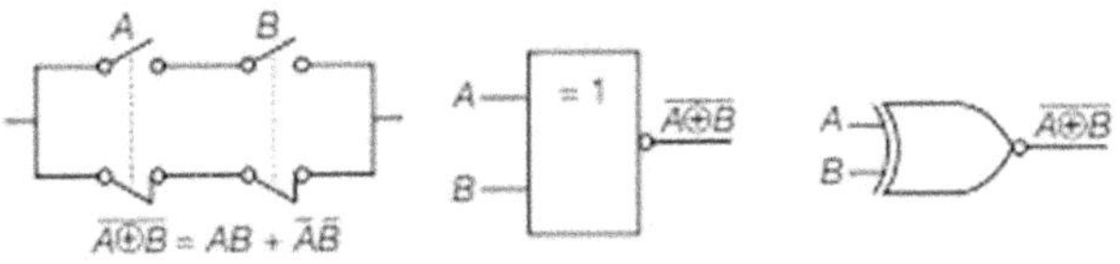

$\overline{A \oplus B} = AB + \overline{A}\overline{B}$

Fig. 1.24.

9. Indica a qué puertas pertenecen las siguientes funciones lógicas y pon el símbolo lógico de cada una de ellas.

a) $F = a \cdot b$.

b) $F = \overline{a \cdot b}$.

c) $F = \overline{a}$.

d) $F = a \oplus b$.

e) $F = \overline{a + b}$.

f) $F = \overline{a \oplus b}$.

10. Obtén, del ejercicio 2, las tablas de verdad.

11. Dados los siguientes chips, identifica de qué puerta se trata, móntalas en un entrenador y construye su tabla de verdad:

a)

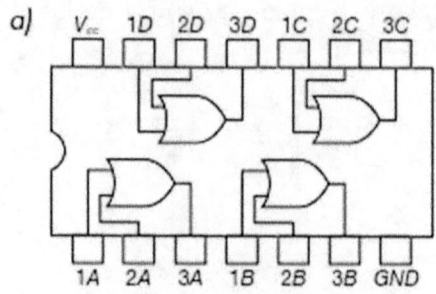

b)

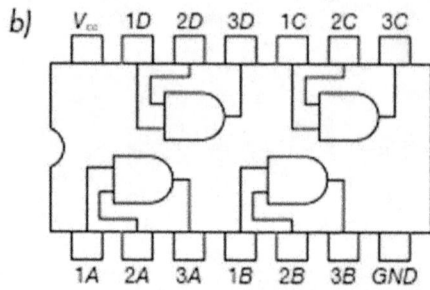

c)

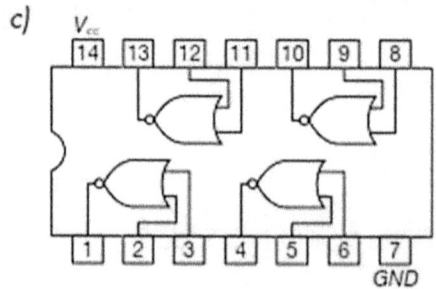

d)

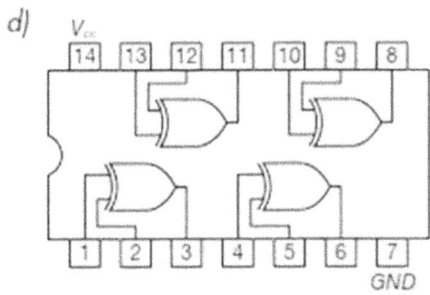

12. Dadas las siguientes placas de ordenador, identifica los circuitos integrados que tienen:

a)

b)

**Analizar los parámetros de las principales familias lógicas**

13. Busca en Internet las características del fabricante de los integrados vistos hasta ahora y explica los parámetros fundamentales de cada uno de ellos.

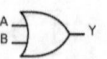

14. Explica las características ideales de los circuitos integrados.

15. Analiza la hoja de características de un circuito integrado 74LS00 y de un integrado 74HC00 y detalla las diferencias que encuentras en los parámetros característicos.

**Realizar medidas en circuitos digitales**

16. Comprueba el funcionamiento del siguiente circuito con ayuda de una sonda lógica:

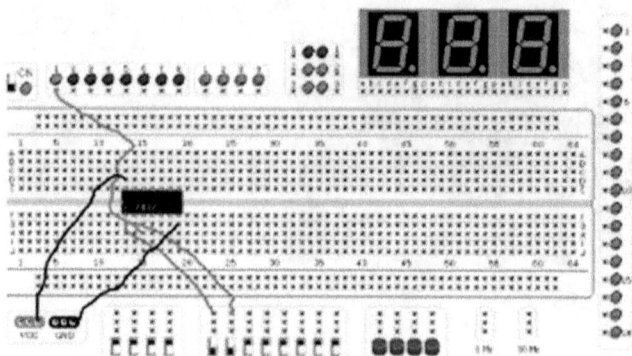

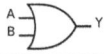

## Las propiedades del Álgebra de Boole

Las operaciones del Álgebra de Boole las podemos definir utilizando tablas de verdad:

Operación +

| A | B | A+B |
|---|---|-----|
| 0 | 0 | 0 |
| 0 | 1 | 1 |
| 1 | 0 | 1 |
| 1 | 1 | 1 |

Operación ·

| A | B | A·B |
|---|---|-----|
| 0 | 0 | 0 |
| 0 | 1 | 0 |
| 1 | 0 | 0 |
| 1 | 1 | 1 |

Las propiedades del Algebra de Boole son las siguientes:

1. **Las operaciones + y · son CONMUTATIVAS**

   $A + B = B + A$

   $A \cdot B = B \cdot A$

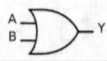

2. **Elemento Neutro**

   A+0=A

   A·1=A

3. **Distributiva**

   $$A + (B \cdot C) = (A + B) \cdot (A + C)$$
   $$A \cdot (B + C) = A \cdot B + A \cdot C$$

4. **Elemento inverso**

   $$A + \overline{A} = 1$$

   A·$\overline{A}$=0

   Operación de **negación** definida por:

   $$\overline{0} = 1$$
   $$\overline{1} = 0$$

*Teoremas importantes*

Derivados de las propiedades fundamentales, existen una serie de Teoremas muy interesantes e importantes que usaremos a lo largo de todo el curso.

Algunos los utilizaremos en la teoría y otros para los problemas.

- **Asociatividad**

$$A + B + C = (A + B) + C = A + (B + C)$$
$$A \cdot B \cdot C = (A \cdot B) \cdot C = A \cdot (B \cdot C)$$

- **Idempotencia**:

$$B + B = B$$
$$B \cdot B = B$$

- **Ley de Absorción**

$$A + A \cdot B = A$$
$$A \cdot (A + B) = A$$

Este teorema es muy importante puesto que nos permite realizar simplificaciones en las expresiones.

- **Leyes de DeMorgan**

$$\overline{B_1 + B_2 + B_3 + ... + B_n} = \overline{B_1} \cdot \overline{B_2} \cdot \overline{B_3} \cdot ... \cdot \overline{B_n}$$
$$\overline{B_1 \cdot B_2 \cdot B_3 \cdot ... \cdot B_n} = \overline{B_1} + \overline{B_2} + \overline{B_3} + ... + \overline{B_n}$$

Este teorema es también muy importante y lo usaremos constantemente. Vamos a hacer algunos ejemplos para aprender a utilizarlo:

- **Ejemplo 1**: $\overline{A + B} = \overline{A} + \overline{B}$
- **Ejemplo 2**: $\overline{A \cdot B + C.D} = \overline{A \cdot B} \cdot \overline{C \cdot D} = (\overline{A} + \overline{B}) \cdot (\overline{C} + \overline{D})$
- **Ejemplo 3**: $\overline{A \cdot B \cdot C} = \overline{A} + \overline{B} + \overline{C}$
- **Ejemplo 4**: $\overline{A \cdot \overline{B} + \overline{C}} = \overline{A \cdot \overline{B}} \cdot \overline{\overline{C}} = (\overline{A} + \overline{\overline{B}}) \cdot C = (\overline{A} + B) \cdot C$

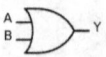

- **Teorema de Shannon**:

$$\overline{F(B_1, B_2, ..., B_n, +, \cdot)} = F(\overline{B_1}, \overline{B_2}, ..., \overline{B_n}, \cdot, +)$$

Este teorema es una generalización de las leyes de De Morgan. Lo que nos dice es que si tenemos cualquier expresión booleana negada, es igual a la misma expresión en la que todas las variables estén negadas y en la que se sustituyan las operaciones + por · y viceversa.

- **Teorema de expansión**:

$$F(B_1, ..., B_n) = B_1 \cdot F(1, B_2, ..., B_n) + \overline{B_1} \cdot F(0, B_2, ..., B_n)$$

$$F(B_1, ..., B_n) = [B_1 + F(0, B_2, ..., B_n)] \cdot [\overline{B_1} + F(1, B_2, ..., B_n)]$$

Este teorema es más teórico y no tiene aplicación directa en los problemas.

*Simplificación de funciones booleanas*

Existen dos maneras de representar una función booleana. Una ya la conocemos, y es utilizando expresiones booleanas.

Así por ejemplo se puede definir la función booleana siguiente:

$$F = A \cdot \overline{B}$$

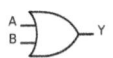

Y hemos visto cómo podemos obtener todos los valores de esta función. Existe otra manera de especificar una función booleana y es utilizando las tablas de verdad. En ellas lo que estamos representando es el valor que debe tomar la función cuando las variables de entrada toman todos los valores posibles. Así por ejemplo yo puedo definir una función G de la siguiente manera:

| A | B | G |
|---|---|---|
| 0 | 0 | 0 |
| 0 | 1 | 1 |
| 1 | 0 | 0 |
| 1 | 1 | 1 |

En las matemáticas con números Reales, estamos muy acostumbrados a simplificar. De hecho es lo que nos han enseñado desde pequeños. Si una determinada expresión la podemos simplificar, ¿por qué no hacerlo?, así seguro que nos ahorramos cálculos.

Por ejemplo, si vemos la siguiente ecuación:

$$\frac{4}{2}x - 2 = 2$$

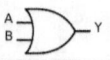

Lo primero que hacemos es simplificarla, aplicando primero que, quedando: 4 / 2 = 2 que todavía puede ser simplificada más, dividiendo por 2:

$$x - 1 = 1$$

Una vez simplificada es mucho más fácil trabajar.

Cuando estamos diseñando circuitos digitales, utilizaremos funciones booleanas para describirlos. Y antes de implementarlos, es decir, antes de convertir las ecuaciones a componentes electrónicos (puertas lógicas) tenemos que simplificar al máximo. Una de las misiones de los Ingenieros es diseñar, y otra muy importante es optimizar. No basta con realizar un circuito, sino que hay que hacerlo con el menor número posible de componentes electrónicos. Y esto es lo que conseguimos si trabajamos con funciones simplificadas.

Las funciones booleanas se tienen que simplificar al máximo, para diseñar los circuitos con el menor número de componentes electrónicos.

Esta simplificación la podemos realizar de dos maneras diferentes:

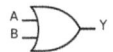

1. Utilizando las propiedades y Teoremas del Algebra de Boole. Se denomina método analítico de simplificación de funciones. Hay que manejar muy bien estas propiedades para poder eliminar la mayor cantidad de términos y variables.

2. Utilizando el método de Karnaugh. Es un método gráfico que si lo aplicamos bien, nos garantiza que obtendremos la función más simplificada posible, a partir de una tabla de verdad.

Normalmente las formas canónicas no son las expresiones más simplificadas.

*Método analítico de simplificación de funciones*
Simplificar la siguiente función:

$$F = \overline{A}.\overline{B}.C + \overline{A}.B.\overline{C} + \overline{A}.B.C + A.B.\overline{C}$$

Vamos a intentar aplicar la propiedad distributiva, lo que normalmente llamamos sacar factor común. Operando con los términos 1 y 3:

$$\overline{A} \cdot \overline{B} \cdot C + \overline{A} \cdot B \cdot C = \overline{A} \cdot C(\overline{B} + B) = \overline{A} \cdot C$$

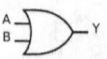
Operando con los términos 2 y 4:

$$\overline{A} \cdot B \cdot \overline{C} + A \cdot B \cdot \overline{C} = B \cdot \overline{C} \cdot (\overline{A} + A) = B \cdot \overline{C}$$

La función que nos queda es:

$$F = \overline{A} \cdot C + B \cdot \overline{C}$$

Tanto la función inicial, como la que hemos obtenido son funciones equivalentes. Tienen la misma tabla de verdad, sin embargo, la segunda está mucho más simplificada: sólo tiene dos sumandos y cada sumando tiene sólo dos variables.

*Método de Karnaugh*

Método para obtener la función más simplificada a partir de una tabla de verdad. Supongamos que tenemos una función F(A, B, C) de tres variables, cuya tabla de verdad es:

| A | B | C | F |
|---|---|---|---|
| 0 | 0 | 0 | 0 |
| 0 | 0 | 1 | 0 |
| 0 | 1 | 0 | 1 |
| 0 | 1 | 1 | 1 |
| 1 | 0 | 0 | 1 |
| 1 | 0 | 1 | 1 |
| 1 | 1 | 0 | 1 |
| 1 | 1 | 1 | 1 |

Si la desarrollamos por la primera forma canónica obtenemos:

$$F = \overline{A} \cdot B \cdot \overline{C} + \overline{A} \cdot B \cdot C + A \cdot \overline{B} \cdot \overline{C} + A \cdot \overline{B} \cdot C + A \cdot B \cdot \overline{C} + A \cdot B \cdot C$$

Veremos como aplicando el método de Karnaugh podemos simplificar esta función. Vamos a organizar esta misma tabla de la siguiente manera:

| BC<br>A | 00 | 01 | 11 | 10 |
|---|---|---|---|---|
| 0 | 0 | 0 | 1 | 1 |
| 1 | 1 | 1 | 1 | 1 |

Observamos lo siguiente:

- En total hay 8 casillas, cada una correspondiente a una fila de la tabla de verdad.
- En cada casilla está colocado el valor de la función F, correspondiente a esa entrada.

  En la tabla de verdad hay dos filas en las que F=0 y 6 filas en las que F=1.

  En el nuevo diagrama hay dos casillas con '0' y 6 con '1'.

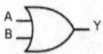
- Hay dos filas, en la primera fila están todos los valores de F correspondientes a A=0, y en la segunda correspondientes a A=1.

- Hay 4 columnas, y el número que está en la parte superior de cada una de ellas nos indica los valores de las variables B y C en esa columna.

- Dada una casilla cualquiera, mirando el número situado en la misma fila, a la izquierda del todo nos informa del valor de la variable A y los dos valores superiores, en la misma columna, nos dan los valores de B y C. Así por ejemplo, si tomamos como referencia la casilla que está en la esquina inferior derecha, se corresponde con el valor que toma F cuando A=1, B=1 y C=0.

- Entre dos casillas adyacentes cualesquiera, sólo varía una variable de entrada, quedando las otras dos con los mismos valores. Por ejemplo, si estamos en la casilla inferior derecha, en la que A=1, B=1 y C=0. Si vamos a la casilla que está a su izquierda obtenemos un valor de las variables de: A=1, B=1, C=1. Si lo comparamos los valores de las variables correspondientes a la casilla anterior, vemos

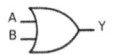

que sólo ha cambiado una de las tres variables, la C. Lo mismo ocurre si nos desplazamos a cualquier otra casilla adyacente.

Ahora vamos a ver una propiedad "mágica" de esta tabla. Si obtenemos la primera forma canónica, obtenemos una función con 6 términos. Vamos a fijarnos sólo en los términos que obtenemos si desarrollamos sólo dos casillas adyacentes, como por ejemplos las marcadas en gris en la figura:

| A \ BC | 00 | 01 | 11 | 10 |
|--------|----|----|----|----|
| 0      | 0  | 0  | 1  | 1  |
| 1      | 1  | 1  | 1  | 1  |

Los valores de las variables en estas casillas son: A=1, B=1, C=1 y A=1, B=1, C=0. Si obtenemos los términos de la primera forma canónica y los sumamos:

$$A \cdot B \cdot C + A \cdot B \cdot \overline{C} = A \cdot B \cdot (C + \overline{C}) = A \cdot B$$

Es decir, por el hecho de agrupar los términos obtenidos de estas dos casillas y sumarlos, se han simplificado. Y esto es debido a la propiedad antes

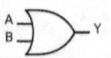

comentada que entre dos casillas adyacentes sólo varía una de las variables, de manera que podemos sacar factor común. Estos dos términos son los sumandos 5 y 6 de la primera forma canónica obtenida anteriormente, que al sumarlos y aplicar algunas propiedades se han simplificado.

Si nos fijamos en estas dos casillas adyacentes, la variable C, que es la única que varía de una a otra, ha desaparecido en la suma.

De esta manera podemos afirmar lo siguiente: Si tomamos dos casillas adyacentes cuyo valor es '1' y desarrollamos por la primera forma canónica, desaparecerá una de las variables.

Sólo permanecen las variables que no cambian de una casilla a otra.

De esta manera, vamos a ver qué pasa si tomamos los siguientes grupos:

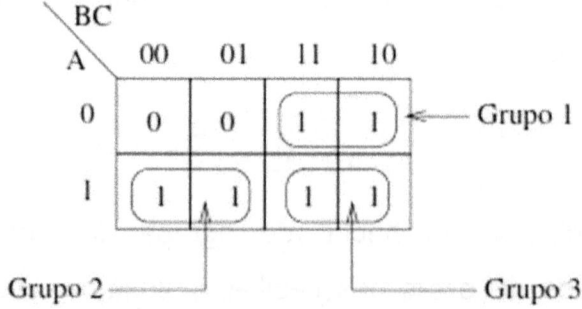

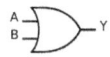
Y sumamos los términos de estos grupos:

- **Grupo 1:** $\overline{A} \cdot B \cdot C + \overline{A} \cdot B \cdot \overline{C} = \overline{A} \cdot B \cdot (C + \overline{C}) = \overline{A} \cdot B$

- **Grupo 2:** $A \cdot \overline{B} \cdot \overline{C} + A \cdot \overline{B} \cdot C = A \cdot \overline{B} \cdot (\overline{C} + C) = A \cdot \overline{B}$

- **Grupo 3:** El que teníamos antes: $A \cdot B$

Por tanto, la función F también la podemos expresar como suma de estos grupos:

$$F = \overline{A} \cdot B + A \cdot \overline{B} + A \cdot B$$

Y está más simplificada que la forma canónica. ¿Se puede simplificar más? Inicialmente la función F tenía 6 sumandos, puesto que tenía 6 unos. Al hacer 3 grupos, ahora tiene 3 sumandos. ¿Podemos reducir el número de grupos? Sí, vamos a ver qué pasa si tomamos los siguientes grupos:

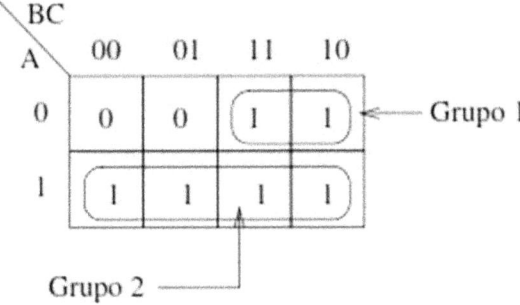

Ahora sólo hay 2 grupos.

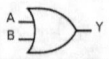

El nuevo grupo 2 está constituido por 4 casillas en las que F=1.

La expresión de este grupo se obtiene sumando las expresiones de estas 4 casillas.

Las nuevas expresiones de los grupos quedarían:

- **Grupo 1**: Igual que antes: $\overline{A} \cdot B$

- **Grupo 2**: $A \cdot \overline{B} + A \cdot B = A \cdot (\overline{B} + B) = A$

La nueva función F que obtenemos es:

$$F = \overline{A} \cdot B + A$$

Que está más simplificada que la anterior.

¿Es la más simplificada?

No, todavía podemos simplificarla más.

¿Por qué no podemos tomar 2 grupos de 4 casillas adyacentes?

Tomemos los grupos siguientes:

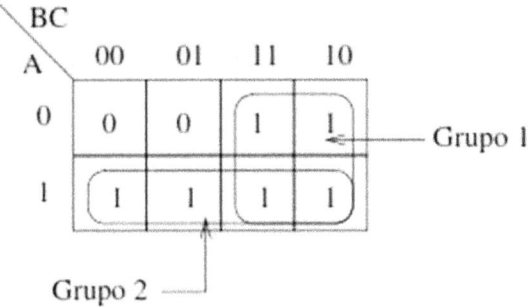

Las nuevas expresiones de los grupos son:

- **Grupo 1**: $\overline{A} \cdot B + A \cdot B = B \cdot (\overline{A} + A) = B$

- **Grupo 2**: Igual que antes: $A$

Por tanto, la nueva función F simplificada es:

$$F = A + B$$

Esta función está simplificada al máximo.

*Criterio de máxima simplificación*

Para obtener una función que no se puede simplificar más hay que tomar el menor número de grupos con el mayor número de '1' en cada grupo.

Hay que tener en cuenta que los grupos cd unos que se tomen sólo pueden tener un tamaño de 1, 2, 4, 8, 16. (Es decir, sólo potencias de dos).

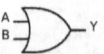

Esa es la razón por la que en el ejemplo anterior los grupos que se han tomado son de tamaño 4 (y no se han tomado de tamaño 3).

Fijémonos en todas las funciones que hemos obtenido anteriormente:

- $F_C = \overline{A}.B.\overline{C} + \overline{A}.B.C + A.\overline{B}.\overline{C} + A.\overline{B}.C + A.B.\overline{C} + A.B.C$ (**CANONICA**)

- $F_1 = A.\overline{B} + A.B + \overline{A}.B$ (**3 grupos de 2 1's por grupo**)

- $F_2 = A + \overline{A}.B$ (**1 grupo de 4 1's y 1 grupo de 2 1's**)

- $F_3 = A + B$ (**2 grupos de 4 1's**)

Todas son funciones booleanas equivalentes.
(Porque tienen la misma tabla de verdad).
Es la función la que usamos.

*Ejemplo*

Veamos con un ejemplo cómo podemos aplicar directamente el criterio para obtener una función simplificada.

Dada la siguiente tabla de verdad, obtener la expresión de F más simplificada posible:

---

| A | B | C | F |
|---|---|---|---|
| 0 | 0 | 0 | 0 |
| 0 | 0 | 1 | 1 |
| 0 | 1 | 0 | 1 |
| 0 | 1 | 1 | 1 |
| 1 | 0 | 0 | 0 |
| 1 | 0 | 1 | 0 |
| 1 | 1 | 0 | 0 |
| 1 | 1 | 1 | 1 |

Colocamos la tabla de verdad como un diagrama de Karnaugh y hacer tres grupos de dos unos:

| A \ BC | 00 | 01 | 11 | 10 |
|---|---|---|---|---|
| 0 | 0 | 1 | 1 | 1 |
| 1 | 0 | 0 | 1 | 0 |

La función F la obtenemos sumando las expresiones de los tres grupos, siendo cada uno de ellos el producto de las dos variables booleanas que permanecen sin cambios dentro de cada grupo:

$$F = \overline{A} \cdot C + \overline{A} \cdot B + B \cdot C$$

Como hemos aplicado correctamente el criterio de máxima simplificación, tenemos la certeza absoluta de

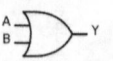

que esta es la expresión más simplificada posible para la función F.

A la hora de formar los grupos hay que tener en cuenta que las casillas situadas más a la derecha de la tabla son adyacentes a las que están más a la izquierda.

*Ejercicio*

Simplificar la siguiente función, utilizando el método de Karnaugh:

| A | B | C | F |
|---|---|---|---|
| 0 | 0 | 0 | 1 |
| 0 | 0 | 1 | 0 |
| 0 | 1 | 0 | 0 |
| 0 | 1 | 1 | 1 |
| 1 | 0 | 0 | 1 |
| 1 | 0 | 1 | 0 |
| 1 | 1 | 0 | 1 |
| 1 | 1 | 1 | 0 |

Lo representamos en un diagrama de Karnaugh y tomamos el siguiente grupo:

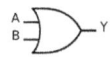

| BC A | 00 | 01 | 11 | 10 |
|---|---|---|---|---|
| 0 | 1 | 0 | 0 | 1 |
| 1 | 1 | 0 | 0 | 1 |

Con el que obtenemos la siguiente función simplificada:

$$F = \overline{C}$$

*Funciones de 4 variables*

¿Y qué ocurre si tenemos una función de 4 variables? La idea es la misma pero tendremos una tabla más grande.

El criterio de máxima simplificación es el mismo: hacer el menor número posible de grupos con el máximo número de '1's.

Veamos un ejemplo:

*Ejemplo*

Dada la siguiente tabla de verdad, obtener la expresión de F más simplificada posible:

| A | B | C | D | F |
|---|---|---|---|---|
| 0 | 0 | 0 | 0 | 1 |
| 0 | 0 | 0 | 1 | 0 |
| 0 | 0 | 1 | 0 | 1 |
| 0 | 0 | 1 | 1 | 0 |
| 0 | 1 | 0 | 0 | 1 |
| 0 | 1 | 0 | 1 | 1 |
| 0 | 1 | 1 | 0 | 1 |
| 0 | 1 | 1 | 1 | 1 |
| 1 | 0 | 0 | 0 | 1 |
| 1 | 0 | 0 | 1 | 0 |
| 1 | 0 | 1 | 0 | 1 |
| 1 | 0 | 1 | 1 | 0 |
| 1 | 1 | 0 | 0 | 1 |
| 1 | 1 | 0 | 1 | 0 |
| 1 | 1 | 1 | 0 | 1 |
| 1 | 1 | 1 | 1 | 0 |

Lo primero que hacemos es pasarlo a un diagrama de Karnaugh, de la siguiente manera:

| AB \ CD | 00 | 01 | 11 | 10 |
|---------|----|----|----|----|
| 00 | 1 | 0 | 0 | 1 |
| 01 | 1 | 1 | 1 | 1 |
| 11 | 1 | 0 | 0 | 1 |
| 10 | 1 | 0 | 0 | 1 |

Vemos que ahora en la izquierda de la tabla están los valores de las variables A y B y en la parte superior

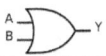

los valores de C y D. Lo siguiente es agrupar los '1's. Vamos a hacer primero los siguientes grupos:

|  | CD 00 | 01 | 11 | 10 |
|---|---|---|---|---|
| AB 00 | 1 | 0 | 0 | 1 |
| 01 | 1 | 1 | 1 | 1 |
| 11 | 1 | 0 | 0 | 1 |
| 10 | 1 | 0 | 0 | 1 |

La expresión que obtenemos es:

$$F = \overline{C} \cdot \overline{D} + C \cdot \overline{D} + \overline{A} \cdot B$$

Sin embargo, ¿es esta la función más simplificada? O lo que es lo mismo, podemos hacer menos grupos de '1's. La respuesta es sí, porque no olvidemos que las casillas de la derecha son adyacentes a las de la izquierda de la tabla, por lo que podemos hacer sólo dos grupos:

|  | CD 00 | 01 | 11 | 10 |
|---|---|---|---|---|
| AB 00 | 1 | 0 | 0 | 1 |
| 01 | 1 | 1 | 1 | 1 |
| 11 | 1 | 0 | 0 | 1 |
| 10 | 1 | 0 | 0 | 1 |

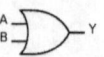
Un grupo es de 8 unos y el otro de 4. Obtenemos la siguiente función:

$$F = \overline{D} + \overline{A} \cdot B$$

Esta sí es la más simplificada.

*La operación $\oplus$*

Hay una operación que en electrónica digital se utiliza mucho, llamada XOR y que se denota por el símbolo $\oplus$ Esta operación la podemos definir mediante una tabla de verdad:

| A | B | $A \oplus B$ |
|---|---|:---:|
| 0 | 0 | 0 |
| 0 | 1 | 1 |
| 1 | 0 | 1 |
| 1 | 1 | 0 |

Fijándonos en esta tabla podemos ver lo que hace: esta operación devuelve '0' cuando los dos bits sobre los que operan son iguales, y '1' cuando con distintos. Tanto esta operación como su negada, A $\oplus$ B, las utilizaremos mucho, por ello vamos a ver cómo las podemos definir a partir de las operaciones + y ·, y ver algunas de sus propiedades. Partiremos de la tabla de verdad, en la que además representaremos la operación negada:

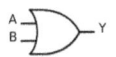

| A | B | $A \oplus B$ | $\overline{A \oplus B}$ |
|---|---|---|---|
| 0 | 0 | 0 | 1 |
| 0 | 1 | 1 | 0 |
| 1 | 0 | 1 | 0 |
| 1 | 1 | 0 | 1 |

Vamos a obtener las dos formas canónicas de ambas funciones. Estas expresiones las utilizaremos bastante:

$$A \oplus B = \overline{A} \cdot B + A \cdot \overline{B} = (A + B) \cdot (\overline{A} + \overline{B})$$

$$\overline{A \oplus B} = \overline{A} \cdot \overline{B} + A \cdot B = (A + \overline{B}) \cdot (\overline{A} + B)$$

Y la siguiente propiedad también es muy interesante:

$$\overline{A \oplus B} = \overline{A} \oplus B = A \oplus \overline{B}$$

*Resumen*

En este capítulo se han presentado las herramientas matemáticas que nos servirán para analizar y diseñar circuitos digitales. Trabajaremos con dígitos binarios o bits que pueden estar en dos estados '0' ó '1', sobre los que se definen las operaciones del Algebra de Boole, y que no hay confundir con las operaciones de suma y producto a las que estamos acostumbrados. Hemos vista una serie de propiedades y teoremas que nos permiten trabajar con expresiones booleanas y con los que es necesario practicar, haciendo los ejercicios indicados. También hemos visto el concepto de función booleana y cómo podemos representar cualquier función de este tipo mediante tablas de verdad o mediante expresiones booleanas. También hemos visto cómo es posible obtener una tabla de verdad a partir de una expresión booleana y cómo obtener una expresión booleana a partir de la tabla de verdad. Dada una tabla de verdad, existen multitud de expresiones booleanas, todas ellas equivalentes, que se pueden obtener. Sin embargo, hemos visto cómo es inmediato obtener la primera y segunda forma canónica. Sin embargo, las funciones así obtenidas no tienen por qué ser las más simplificadas posibles. Para simplificar una función podemos utilizar las propiedades del Algebra de Boole, o también podemos utilizar el método de Karnaugh, que si lo aplicamos correctamente, conseguiremos obtener la función más simplificada posible. Finalmente hemos visto una nueva operación $\oplus$, que se define a partir de las operaciones $+$ y $\cdot$ , y que es conveniente que conozcamos puesto que la usaremos bastante. Para repasar con todos estos conceptos se recomienda hacer todos los ejercicios y los problemas de los apartados.

# Ejercicios

## Ejercicio 1:

### Realizar las siguientes operaciones:

1. $1 + 0 =$

2. $1 + 1 =$

3. $1 \cdot 0 =$

4. $1 \cdot 1 =$

5. $A + 0 =$

6. $A + 1 =$

7. $A \cdot 1 =$

8. $A \cdot 0 =$

9. $A + A =$

10. $A.A =$

11. $A + \overline{A} =$

12. $A \cdot \overline{A} =$

13. $A + AB =$

14. $A(A + B) =$

15. $A + AB + B =$

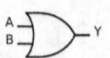
## Ejercicio 2:

**Aplicar las leyes de Morgan en los siguientes casos:**

1. $\overline{A(B+C)}=$

2. $\overline{\overline{AB+CD}\cdot E}=$

3. $\overline{(AB+CD)\cdot E}=$

### Ejercicio 3:

**Obtener el valor de las siguientes funciones booleanas, en todos los casos.**

1. $F = A + B$

2. $F = A + \overline{B}$

3. $F = \overline{A}\cdot B + C$

### Ejercicio 4:

**Dadas las siguientes funciones booleanas, obtener su correspondiente tabla de verdad**

1. $F = A + \overline{B}$

2. $G = A \cdot B + \overline{A}\cdot B$

3. $H = X \cdot Y \cdot \overline{Z} + \overline{X} \cdot \overline{Y} \cdot Z$

4. $S = E_3 E_2 E_1 E_0 + E_3 \overline{E_2}$

### Ejercicio 5:

Desarrollar las siguientes tablas de verdad por la primera forma canónica:

1. Tabla 1:

| A | B | F |
|---|---|---|
| 0 | 0 | 0 |
| 0 | 1 | 1 |
| 1 | 0 | 0 |
| 1 | 1 | 1 |

2. Tabla 2:

| A | B | C | F |
|---|---|---|---|
| 0 | 0 | 0 | 1 |
| 0 | 0 | 1 | 1 |
| 0 | 1 | 0 | 0 |
| 0 | 1 | 1 | 0 |
| 1 | 0 | 0 | 0 |
| 1 | 0 | 1 | 0 |
| 1 | 1 | 0 | 0 |
| 1 | 1 | 1 | 0 |

### Ejercicio 6:

Dadas las siguientes funciones, indicar si se encuentra expresadas en la primera forma canónica, y si es así, obtener la tabla de verdad

1. $F = \overline{A} \cdot B + A \cdot B$

2. $F = A \cdot \overline{B} \cdot \overline{C} + A \cdot B \cdot C$

3. $F = E_2 \cdot E_1 \cdot E_0 + \overline{E_2} \cdot E_1 \cdot E_0 + E_1$

4. $F = E_2 \cdot E_1 \cdot E_0 + \overline{E_2} \cdot E_1 \cdot E_0 + \overline{E_2} \cdot \overline{E_1} \cdot E_0$

### Ejercicio 7:

Desarrollar las siguientes tablas de verdad por la segunda forma canónica:

Tabla 1:

| A | B | F |
|---|---|---|
| 0 | 0 | 0 |
| 0 | 1 | 1 |
| 1 | 0 | 0 |
| 1 | 1 | 1 |

Tabla 2:

| A | B | C | F |
|---|---|---|---|
| 0 | 0 | 0 | 1 |
| 0 | 0 | 1 | 1 |
| 0 | 1 | 0 | 0 |
| 0 | 1 | 1 | 1 |
| 1 | 0 | 0 | 0 |
| 1 | 0 | 1 | 1 |
| 1 | 1 | 0 | 0 |
| 1 | 1 | 1 | 0 |

**Ejercicio 8:**

Dadas las siguientes funciones, indicar si se encuentra expresadas en la primera forma canónica o en la segunda. En caso de que así sea, obtener la tabla de verdad.

1. $F = (A + B) \cdot (\overline{A} + \overline{B})$

2. $F = \overline{A} \cdot B + \overline{B} \cdot A$

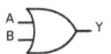

3. $F = (E_2 + \overline{E_1} + E_0) \cdot (\overline{E_2} + \overline{E_1} + E_0) \cdot (E_2 + E_1 + E_0)$

4. $F = E_2 \cdot \overline{E_1} \cdot E_0 + \overline{E_2} \cdot \overline{E_1} \cdot E_0 + E_2 \cdot E_1 \cdot E_0$

5. $F = (A \cdot B \cdot C) + (A + B + C)$

**Ejercicio 9:**

Obtener las expresiones más simplificadas a partir de las tablas de verdad:

Tabla 1:

| A | B | C | D | F |
|---|---|---|---|---|
| 0 | 0 | 0 | 0 | 1 |
| 0 | 0 | 0 | 1 | 0 |
| 0 | 0 | 1 | 0 | 1 |
| 0 | 0 | 1 | 1 | 0 |
| 0 | 1 | 0 | 0 | 0 |
| 0 | 1 | 0 | 1 | 0 |
| 0 | 1 | 1 | 0 | 0 |
| 0 | 1 | 1 | 1 | 0 |
| 1 | 0 | 0 | 0 | 1 |
| 1 | 0 | 0 | 1 | 1 |
| 1 | 0 | 1 | 0 | 1 |
| 1 | 0 | 1 | 1 | 1 |
| 1 | 1 | 0 | 0 | 0 |
| 1 | 1 | 0 | 1 | 0 |
| 1 | 1 | 1 | 0 | 0 |
| 1 | 1 | 1 | 1 | 0 |

Tabla 2:

| $E_3$ | $E_2$ | $E_1$ | $E_0$ | F |
|---|---|---|---|---|
| 0 | 0 | 0 | 0 | 1 |
| 0 | 0 | 0 | 1 | 0 |
| 0 | 0 | 1 | 0 | 0 |
| 0 | 0 | 1 | 1 | 0 |
| 0 | 1 | 0 | 0 | 1 |
| 0 | 1 | 0 | 1 | 0 |
| 0 | 1 | 1 | 0 | 1 |
| 0 | 1 | 1 | 1 | 1 |
| 1 | 0 | 0 | 0 | 0 |
| 1 | 0 | 0 | 1 | 0 |
| 1 | 0 | 1 | 0 | 0 |
| 1 | 0 | 1 | 1 | 0 |
| 1 | 1 | 0 | 0 | 0 |
| 1 | 1 | 0 | 1 | 1 |
| 1 | 1 | 1 | 0 | 0 |
| 1 | 1 | 1 | 1 | 0 |

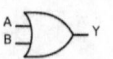
**Ejercicio 10:**

Operar con las siguientes expresiones obteniendo la mayor cantidad posible de operaciones $\oplus$

1. $A \cdot \overline{B} + \overline{A} \cdot B =$

2. $A \cdot B + \overline{A} \cdot \overline{B} =$

3. $(A \cdot \overline{B} + \overline{A} \cdot B) \cdot \overline{C} + \overline{(A\overline{B} + \overline{A} \cdot B)} \cdot C =$

4. $\overline{A} \cdot B + \overline{A} \oplus B + \overline{A \oplus \overline{B}} + A \cdot \overline{B} =$

## Ejercicio 11:

**Dejar las siguientes expresiones en forma de sumas de productos:**

1. $(x + y + z)(\overline{x} + z) =$

2. $\overline{(\overline{x} + y + z)} \cdot (\overline{y} + z) =$

3. $\overline{x\overline{y}z \cdot \overline{x}yz} =$

## Ejercicio 12:

Simplificar la función $F = A \cdot B + \overline{B}$ de las siguientes maneras:

1. Obteniendo la tabla de verdad y aplicando Karnaugh

2. Aplicando las propiedades del Algebra de Boole

## Circuitos combinacionales

Después de introducir y trabajar con el Algebra de Boole, vamos a volver a los circuitos digitales. Recordemos que son circuitos electrónicos que trabajan con números, y que con la tecnología con la que están realizados, estos números están representados en binario.

En la figura se muestra el esquema general de un circuito digital, que tiene m bits de entrada y *n* bits de salida.

Si tomamos un circuito genérico y miramos en su interior, podemos ver que está constituido por otros circuitos más simples, interconectados entre sí.

En la figura hay un ejemplo de un circuito con 4 bits de entrada y 3 de salida, constituido por otros dos circuitos más simples e interconectados entre ellos.

Estos subcircuitos se pueden clasificar en dos tipos:
- Circuitos combinacionales
- Circuitos secuenciales

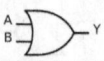

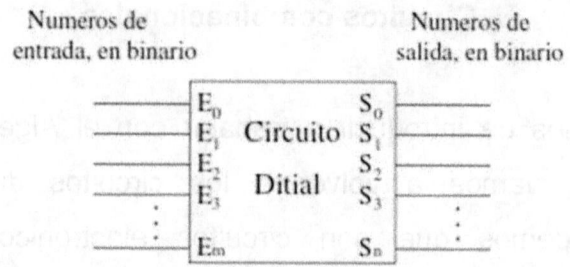

Circuito digital, con m bits de entrada y n de salida

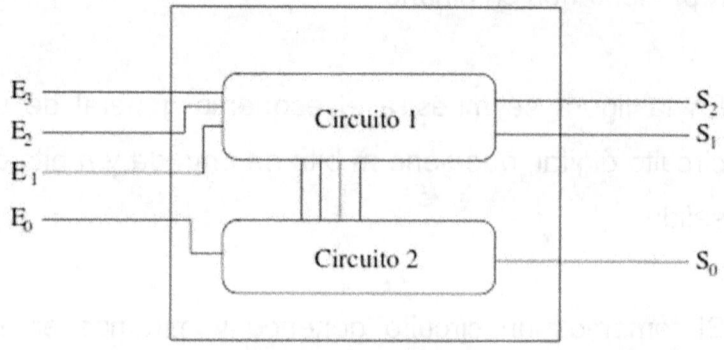

Circuito digital constituido por otros dos circuitos interconectados

Así, podemos decir que todo circuito digital genérico tendrá una parte combinacional y otra parte secuencial. En este capítulo nos centraremos en los circuitos combinacionales, que no tienen parte secuencial. Estos circuitos se caracterizan porque NO almacenan información. Las salidas están relacionadas con las entradas a través de una función booleana, como las vistas en el capítulo 3. Como veremos más adelante, los circuitos secuenciales son capaces de "recordar" números que han recibido anteriormente. En un circuito combinacional, las salidas dependen directamente del valor de las entradas, y no pueden por tanto almacenar ningún tipo de información, sólo realizan transformaciones en las entradas. Estos circuitos quedan caracterizados mediante funciones booleanas. Cada bit de salida de un circuito combinacional, se obtiene mediante una función booleana aplicado a las variables de entrada. Así, si un circuito tiene n salidas, necesitaremos *n* funciones booleanas para caracterizarlo.

En la figura vemos un circuito combinacional que tiene 3 entradas: A, B y C, y dos salidas F, G, que son dos funciones booleanas que dependen de las variables de entrada: F(A, B, C) y G(A, B, C).

Por ejemplo, estas funciones podrían tener una pinta así:

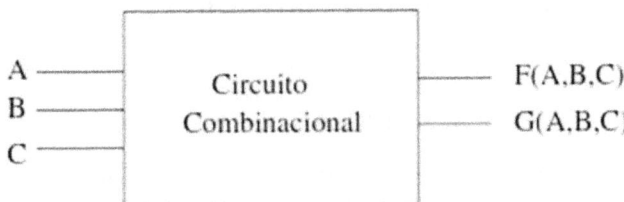

Circuito combinacional de 3 entradas y 2 salidas

$$F = A \cdot B + C$$

$$G = \overline{A \cdot B \cdot C}$$

Estudiaremos las puertas lógicas, que son los elementos que usamos para construir estos circuitos, y cómo las funciones booleanas las podemos realizar mediante puertas lógicas, lo que se denomina implementación de funciones booleanas.

*Puertas lógicas*

En todas las ingenierías se utilizan planos que describen los diseños. En ellos aparecen dibujos, letras y símbolos. Mediante estos planos o esquemas, el Ingeniero representa el diseño que tiene en la cabeza y que quiere construir. En electrónica analógica se utilizan distintos símbolos para representar los diferentes componentes: Resistencias, condensadores, diodos, transistores. Algunos de estos símbolos se pueden ver en la figura. En electrónica digital se utilizan otros símbolos, los de las puertas lógicas, para representar las manipulaciones con los bits.

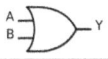

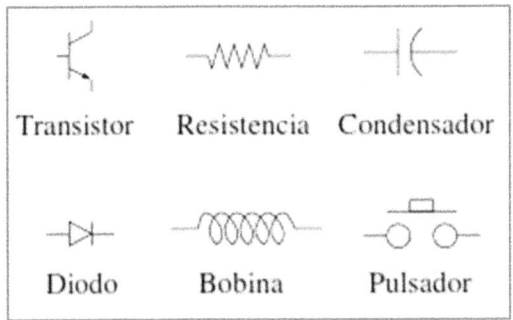

Algunos símbolos empleados en la electrónica analógica

*Puertas básicas*

*Puerta AND*

Esta puerta implementa la operación del Algebra de Boole. La que se muestra en esta figura tiene dos entradas, sin embargo puede tener más. Lo mismo ocurre con el resto de puertas lógicas que veremos a continuación.

*Puerta OR*

Implementa la operación+ del Algebra de Boole. Puede tener también más de dos entradas.

A —⟩
B —⟩— A+B

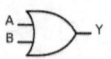

*Puerta NOT (Inversor)*

Tiene sólo una entrada y realiza la operación de negación lógica. Esta puerta se conoce normalmente con el nombre de inversor. Sólo con estos tres tipos de puertas se pueden implementar cualquier función booleana.

*Ejemplo*

Analizar el siguiente circuito y obtener la expresión booleana de la salida:

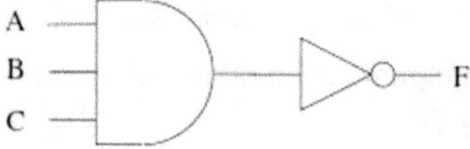

El circuito está constituido por dos puertas, una AND de tres entradas y un inversor. A la salida de la puerta AND se tiene el producto de las tres variables de entrada y al atravesar el inversor se obtiene la expresión final de F, que es:

$$F = \overline{A \cdot B \cdot C}$$

*Ejercicio*

Obtener la expresión booleana de salida del siguiente circuito:

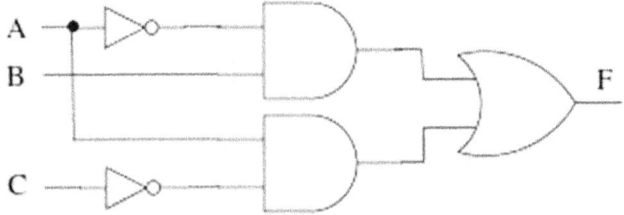

El circuito está constituido por dos puertas AND, dos inversores y una puerta OR.

La expresión de F es:

$$F = \overline{A} \cdot B + A \cdot \overline{C}$$

*Otras puertas*

Con las puertas básicas podemos implementar cualquier función booleana.

Sin embargo existen otras puertas que se utilizan mucho en electrónica digital.

*Puerta NAND*

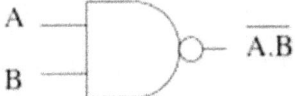

---

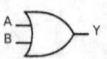
El nombre viene de la abreviación de NOT-AND, y la operación que realiza es la negación de un producto. Aplicando las leyes de De Morgan vemos que la expresión a su salida es:

$$F = \overline{A \cdot B} = \overline{A} + \overline{B}$$

Esta puerta también puede tener más de dos entradas. Las puertas NAND tienen una característica muy importante y es que sólo con ellas se puede implementar cualquier función booleana. Sólo hay que aplicar las propiedades del Algebra de Boole a cualquier expresión booleana para dejarla de forma que sólo existan este tipo de operaciones.

*Puerta NOR*

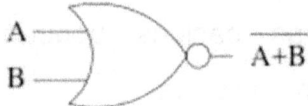

Es una puerta OR negada (NOT-OR). Aplicando las leyes de De Morgan:

$$F = \overline{A + B} = \overline{A} \cdot \overline{B}$$

Lo mismo que con las puertas NAND, con las puertas NOR se puede implementar cualquier función booleana.

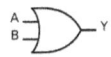

*Puerta XOR*

Es la puerta que implementa la operación ⊕ definida anteriormente.

*Ejemplo*

Analizar el siguiente circuito y obtener la expresión booleana de la salida:

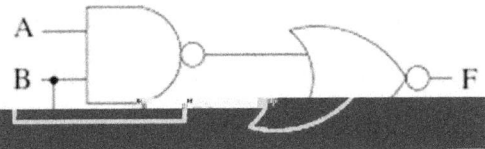

A la salida de la puerta NAND tenemos la expresión: A·B, que se introduce en una de las entradas de la puerta NOR, y por la otra B. El resultado es:

$$F = \overline{\overline{A \cdot B} + B}$$

Y aplicando las leyes de De Morgan nos queda:

$$F = \overline{\overline{A \cdot B}} \cdot \overline{B} = A \cdot B \cdot \overline{B} = A \cdot 0 = 0$$

Es decir, que es un circuito nulo. Con independencia de lo que se introduzca por las entradas, a su salida siempre se obtendrá '0'.

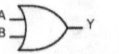

## Circuitos integrados

¿Y si ahora queremos construir un circuito? ¿Cómo lo implementamos físicamente? Las puertas lógicas se encuentran encapsuladas dentro de circuitos integrados o también conocidos como chips. Más coloquialmente, entre los alumnos, reciben el nombre de "cucarachas", porque son negros y tienen patas. Hay una familia de circuitos integrados, 74XX, que está estandarizada de manera que se ha definido la información que entra o sale por cada una de las patas. Así pueden existir multitud de fabricantes, pero todos respectando el mismo estándar. En la figura se muestra un esquema del integrado 7402, que contiene en su interior 4 puertas NOR de dos entradas. Por las patas denominadas VCC y GND se introduce la alimentación del chip, que normalmente será de 5v, aunque esto depende de la tecnología empleada. Por el resto de patas entra o sale información binaria codificada según la tecnología empleada. Por ejemplo se puede asociar 5v al dígito '1' y 0v al dígito '0'. A la hora de fabricar un diseño, estos chips se insertan en una placa y se

interconectan las patas con el resto de chips o partes de nuestro circuito.

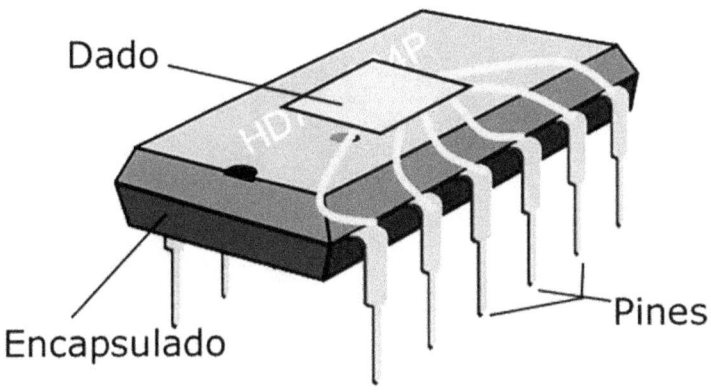

La interconexión se realiza por medio de cables. Cuando se realiza una placa profesional, las interconexiones entre los chips son pistas de cobre en la superficie de la placa. Estas placas reciben el nombre de placas de circuito impreso, o por sus siglas en inglés PCB (Printed Circuito Board). En la figura se muestra la parte inferior de una de estas placas. Por los agujeros se introducen las patas de los componentes y luego se sueldan.

Los distintos agujeros están interconectados por pistas de cobre.

Además existe una capa de un barniz verde para que las pistas no estén "al aire" y se puedan producir cortocircuitos.

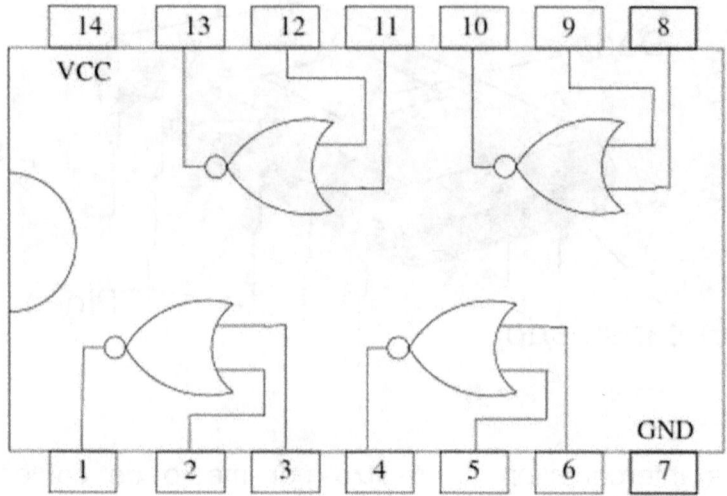

Esquema del integrado 7402

*Otras tecnologías*

La electrónica ha avanzado muchísimo y en los chips en los que antes sólo se podían integrar unas pocas puertas lógicas, ahora se pueden integrar muchísimas más.

De esta manera, los chips tradicionalmente se han clasificado según el número de puertas que pueden integrar.

Así tenemos la siguiente clasificación de chips:

- **SSI** (Small Scale Integration). Chips con menos de 12 puertas

- **MSI** (Medium Scale Integration). Entre 12 y 100 puertas.

- **LSI** (Large Scale Integration). Entre 100 y 10.000 puertas.

- **VLSI** (Very Large Scale Integration). Más de 10.000 puertas

Los VLSI se corresponden con los microprocesadores y los microcontroladores. Muchos diseños que antes se realizaban sólo con electrónica digital, ahora es más sencillo y barato hacerlos con un microprocesador o microcontrolador y programarlos. Es decir, hacer software en vez de hardware. Sin embargo, existen otras maneras de implementar circuitos digitales sin utilizar los chips tradicionales, es decir, sin tener que recurrir a los chips de la familia 74XX. Esta nueva forma de diseñar se denomina lógica programable. Existen unos circuitos integrados genéricos (PALs, GALs, CPLDs, FPGAS), que contienen en su interior muchas puertas lógicas y otros componentes. El diseñador especifica los circuitos digitales que quiere diseñar utilizando un lenguaje de descripción hardware (Como por ejemplo el VHDL). Una herramienta software, conocida como sintetizador, convierte esta descripción en un formato que indica cómo se deben interconectar los diferentes elementos de este chip genérico. El chip "se configura" (es decir, realiza conexiones entre sus elementos internos) según se indica en el fichero sintetizado, de manera que nuestra descripción del hardware se ha convertido en un circuito que hace lo que hemos indicado. Con esta técnica se pueden diseñar desde circuitos simples hasta microprocesadores. El hardware está siguiendo la misma tendencia que el software. Los diseñadores de ahora utilizan sus propios "lenguajes de programación" para especificar el hardware que están diseñando. En esta asignatura se intenta dar una visión lo más independiente posible de la tecnología. De manera que bien se diseñe con puertas lógicas, o bien se utilice un lenguaje de descripción hardware, los conocimientos aquí adquiridos sirvan para ambos casos.

## Diseño de circuitos combinacionales

*El proceso de diseño*

En Ingeniería se entiende por diseñar el proceso por el cual se obtiene el objeto pedido a partir de unas especificaciones iniciales. Cuando diseñamos circuitos combinaciones, estamos haciendo lo mismo. Partimos de unas especificaciones iniciales y obtenemos un esquema, o plano, que indica qué puertas básicas u otros elementos hay que utilizar así como la interconexión que hay entre ellos.

Los pasos que seguiremos para el diseño son los siguientes:

1. Estudio de las especificaciones iniciales, para entender realmente qué es lo que hay que diseñar. Este punto puede parecer una trivialidad, sobre todo en el entorno académico donde las especificaciones son muy claras. Sin embargo, en la realidad, es muy difícil llegar a comprender o entender qué es lo que hay que diseñar.

2. Obtención de las tablas de verdad y expresiones booleanas necesarias. En el entorno académico este suele ser el punto de partida. Nos describen qué función es la que se quiere implementar y lo hacemos.

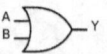

3. Simplificación de las funciones booleanas. Hay que implementar la mejor función, de manera que obtengamos el mejor diseño posible, reduciendo el número de puertas lógicas empleadas, el número de circuitos integrados o minimizando el retraso entre la entrada y la salida.

4. Implementación de las funciones booleanas utilizando puertas lógicas. Aquí podemos tener restricciones, como veremos. Puede ser que por especificaciones del diseño sólo se dispongan de puertas tipo NAND. O puede ser que sólo podamos utilizar puertas lógicas con el mínimo número de entradas. En ese caso habrá que tomar la función más simplificada y modificarla para adaptarla a este tipo de puertas. El resultado de esto es la obtención de un esquema o plano del circuito.

5. Construcción. El último paso es llevar ese plano o circuito a la realidad, construyendo

*Diseño de circuitos combinacionales*

Físicamente el diseño. Esto se estudia en el laboratorio de esta asignatura, utilizando tecnología TTL. Veremos cómo a partir de una función (que ya está simplificada) podemos obtener el circuito

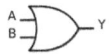
correspondiente, o cómo la podemos modificar para utilizar un tipo determinado de puertas lógicas. Esto se denomina implementar una función.

*Implementación de funciones con cualquier tipo de puertas*

El proceso es muy sencillo. Sólo hay que tomar la función que queremos implementar e ir sustituyendo las operaciones del Algebra de Boole por sus correspondientes puertas lógicas. Y como siempre, lo mejor es ver un ejemplo.

*Ejemplo 1:*

Implementar la siguiente función, utilizando cualquier tipo de puertas lógicas:

$$F = A + B \cdot \overline{C} + \overline{A} \cdot \overline{B} \cdot C$$

Se trata de implementar un circuito que tiene tres bits de entrada: A, B y C y como salida se quiere obtener la función F indicada. Se puede realizar de muchas formas, pero vamos a ir poco a poco. Primero nos fijamos que no tenemos ninguna restricción. Es decir, en el enunciado nos permiten utilizar cualquier tipo de puerta lógica, y con cualquier número de entradas.

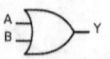

Tampoco vamos a simplificar la función, porque lo que queremos es ver cómo implementarla, aunque ya hemos visto que siempre hay que simplificar.

Vemos que en la función hay tres términos que van sumados: $A$, $B \cdot \bar{C}$, y $\bar{A} \cdot \bar{B} \cdot C$. La puerta lógica que representa la suma es la OR, por lo que podemos escribir:

$$
\begin{array}{c}
A \\
B\bar{C} \\
\bar{A}\bar{B}C
\end{array}
\quad
\supset\!\!\!\!- F
$$

Ahora el problema es más sencillo. Hay que obtener esos tres términos independientemente. Uno ya lo tenemos, que es A (es directamente una de las entradas).

El término $B \cdot \bar{C}$ es el producto de $B$ y $\bar{C}$, y lo podemos obtener con una puerta AND así:

$$
\begin{array}{c}
B \\
\bar{C}
\end{array}
\quad
\supset\!\!\!\!- B\bar{C}
$$

El término $\bar{C}$ lo obtenemos directamente a partir de un inversor:

$$
C \longrightarrow\!\!\!\!\!\triangleright\!\!\circ - \bar{C}
$$

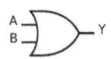

Para obtener el término $\bar{A} \cdot \bar{B} \cdot C$, que es el último que nos falta, nos fijamos que es un producto de tres elementos, por lo que usaremos una puerta AND de tres entradas:

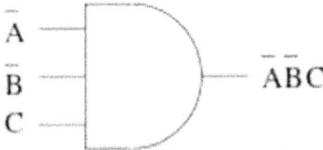

Y finalmente para obtener $\bar{A}$ y $\bar{B}$ y usamos un par de inversores:

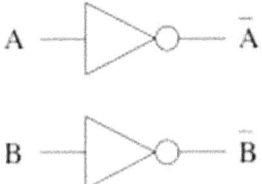

Y ahora unimos todas las piezas para obtener el circuito final:

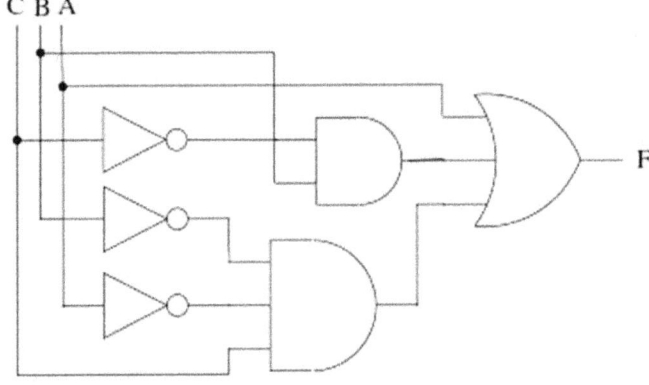

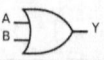

*Ejemplo 2*

Implementar la siguiente función, utilizando el menor número posible de puertas lógicas de cualquier tipo. La función está simplificada al máximo.

$$F = \overline{A} + \overline{B} + C \cdot \overline{D} + \overline{C} \cdot D$$

En este caso nos dicen que la función está simplificada al máximo, por lo que no hay que hacer. Pero es una pregunta que siempre nos tendremos que hacer.

¿Está simplificada al máximo? También nos introducen una restricción: usar el menor número posible de puertas lógicas.

Lo primero que se nos puede ocurrir es utilizar el método del ejemplo anterior, sustituyendo las operaciones del Algebra de Boole por puertas lógicas. El circuito que obtenemos es el siguiente:

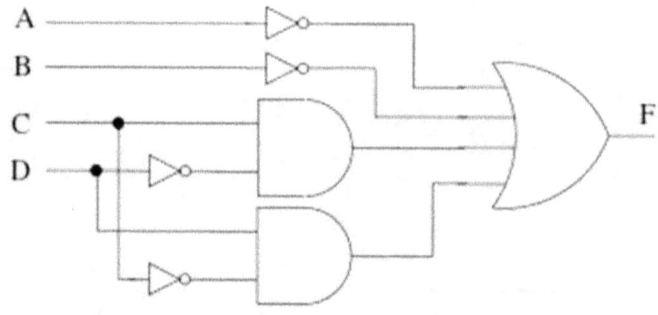

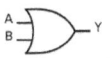
Hemos utilizo las siguientes puertas lógicas:

- 4 inversores

- 2 puertas AND de dos entradas

- 1 puerta OR de cuatro entradas

La única restricción que nos han impuesto es utilizar el menor número posible de puertas lógicas. ¿Podemos implementar este circuito con menos puertas? Echemos un vistazo la función F. Teniendo en cuenta que existen otras puertas, como las NAND, XOR, etc. Vamos a realizar las siguientes operaciones:

$$\overline{A} + \overline{B} = \overline{A \cdot B}$$

$$C \cdot \overline{D} + \overline{C} \cdot D = C \oplus D$$

La expresión de F que nos queda es la siguiente:

$$F = \overline{A \cdot B} + C \oplus D$$

Y si ahora implementamos el circuito:

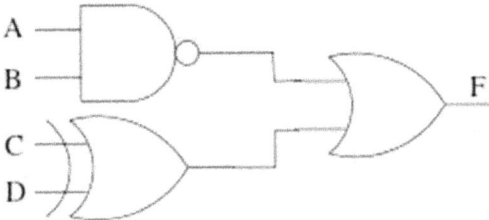

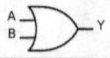

Sólo hemos utilizado 3 puertas. Una puerta NAND, una XOR y una OR, todas de dos entradas.

*Implementación de funciones con puertas NAND*
Sólo con las puertas NAND es posible implementar cualquier función booleana. Para ello habrá que hacer transformaciones en la función original para obtener otra función equivalente pero que se pueda obtener sólo con puertas NAND. Para ver cómo podemos hacer eso, implementaremos las puertas NOT, AND, OR y XOR usando sólo puertas NAND. Para refrescar ideas, a continuación se muestra una puerta NAND de dos entradas y las formas de expresar el resultado:

$$\text{A.B} = \overline{\text{A}} + \overline{\text{B}}$$

*Implementación de una puerta NOT*
Si introducimos la misma variable booleana por las dos entradas de una NAND obtendremos lo siguiente:

$$\overline{A \cdot A} = \overline{A}$$

Gráficamente:

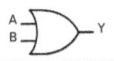

$$\overline{A.A} = \overline{A}$$

Tenemos un circuito por el que si introducimos una variable A, obtenemos a la salida su complementario, es decir, se comporta exactamente igual que un inversor.

*Implementación de una puerta AND*

Tenemos que diseñar un circuito con puertas NAND que implemente la función *F=A·B*.

Lo que haremos será aplicar propiedades del Algebra de Boole a esta función hasta dejarla de forma que la podamos implementar directamente con puertas NAND. Podemos hacer lo siguiente:

$$F = A \cdot B = \overline{\overline{A.B}}$$

La expresión $\overline{A \cdot B}$ se implementa con una puerta NAND y la expresión $\overline{\overline{A \cdot B}}$ será por tanto la negación de la NAND.

Como ya sabemos cómo negar utilizando una puerta NAND, el circuito resultante es:

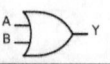
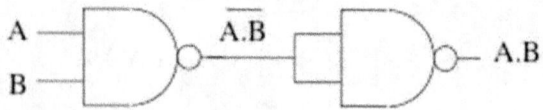

*Implementación de una puerta OR*

La función que queremos implementar con puertas NAND es: *F=A+B*. Aplicando propiedades del Algebra de Boole, esta expresión la convertimos en la siguiente:

$$F = A + B = \overline{\overline{A+B}} = \overline{\overline{A} \cdot \overline{B}}$$

Que es el negado de un producto de dos términos, es decir, es una puerta NAND aplicada a $\bar{A}$ y $\bar{B}$ :

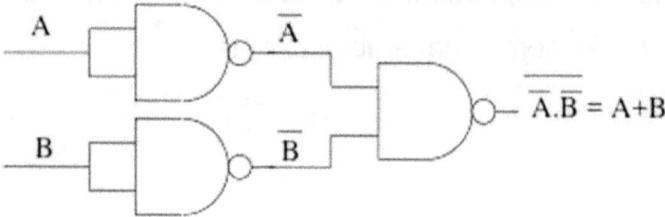

*Implementación de una puerta XOR*

La función a implementar con puertas NAND es:

$$F = A \oplus B = \bar{A} \cdot B + A \cdot \bar{B}$$

Podemos modificarla de la siguiente manera:

---

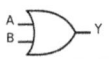

$$F = \overline{A} \cdot B + A \cdot \overline{B} = \overline{\overline{A} \cdot B} + \overline{A \cdot \overline{B}} = \overline{\left(\overline{A} \cdot B\right)} + \overline{\left(A \cdot \overline{B}\right)}$$

No nos dejemos asustar por aparente complejidad de esta expresión. Fijémonos en que la expresión es la suma de dos términos negados, es decir, que tiene la forma de: $\overline{Algo} + \overline{Algo}$ y esto es una puerta NAND, que lo podemos poner de la siguiente manera:

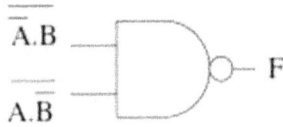

El término $\overline{\overline{A} \cdot B}$ tiene también la forma de una puerta NAND, puesto que es del tipo $\overline{Algo \cdot Algo}$. Y lo mismo le ocurre al término $\overline{A \cdot \overline{B}}$. El circuito nos queda así:

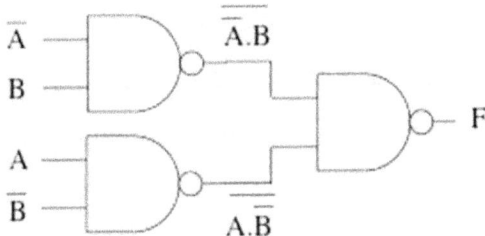

Y finalmente hay que obtener $\bar{A}$ y $\bar{B}$ utilizando inversores con puertas NAND:

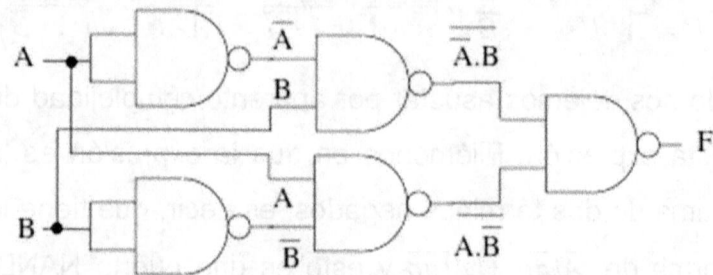
Ya tenemos implementada la función XOR sólo con puertas NAND.

*Ejemplo 1*

Implementar la siguiente función utilizando únicamente puertas NAND. La función está simplificada al máximo:

$$F = \overline{A} \cdot B \cdot C + A \cdot B \cdot \overline{C}$$

Tendremos que aplicar la propiedades del Algebra de Boole para dejar esta expresión de forma que la podamos implementar con puertas NAND. Como el enunciado no nos pone ninguna restricción, podremos usar puertas NAND con el número de entradas que queramos.

Una puerta NAND de tres entradas puede realizar las siguientes operaciones:

$$\overline{Algo \cdot Algo \cdot Algo} = \overline{Algo} + \overline{Algo} + \overline{Algo}$$

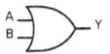
Si aplicamos una doble negación a F y luego aplicamos sucesivamente las leyes de De Morgan (o el teorema de Shannon):

$$F = \overline{\overline{\overline{A} \cdot B \cdot C + A \cdot B \cdot \overline{C}}} = \overline{(A + \overline{B} + \overline{C}) \cdot (\overline{A} + \overline{B} + C)}$$

Esta función es inmediata implementarla con puertas NAND:

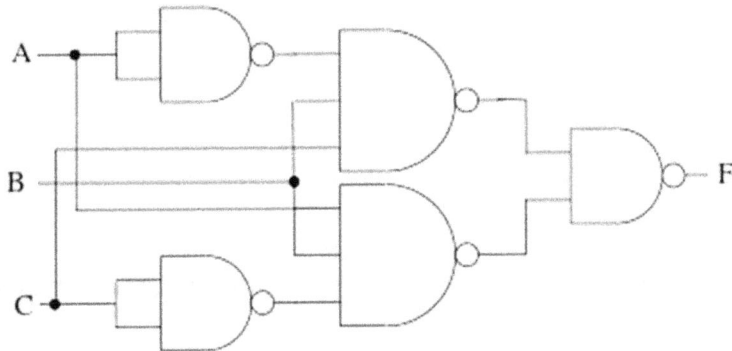

*Ejemplo 2*

Implementar la siguiente función utilizando sólo puertas NAND de 2 entradas:

$$F = \overline{A} \cdot B \cdot C + A \cdot B \cdot \overline{C}$$

Es la misma función que la del apartado anterior, sin embargo, ahora tenemos la restricción de que sólo podemos usar puertas NAND de dos entradas. Si hacemos la misma transformación que antes, obtenemos:

$$F = \overline{\overline{\overline{A} \cdot B \cdot C} + A \cdot B \cdot \overline{C}} = \overline{(A + \overline{B} + \overline{C}) \cdot (\overline{A} + \overline{B} + C)}$$

Que tiene la forma $\overline{Algo \cdot Algo}$ y que se implementa fácilmente con una NAND de dos entradas:

El problema ahora es cómo implementar los términos $A+\overline{B}+\overline{C}$ y $\overline{A}+\overline{B}+C$.

Vamos con el primero de ellos.

Se puede escribir también de la siguiente forma (aplicando el "truco" de la doble negación):

$$A + \overline{B} + \overline{C} = \overline{\overline{A} \cdot (B \cdot C)}$$

Que se implementa de la siguiente forma:

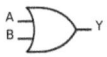
El otro término lo podemos implementar de forma similar:

$$AB,\ \bar{C} \longrightarrow \overline{A+\bar{B}+C}$$

Y ahora juntando todas las piezas e implementando lo que falta:

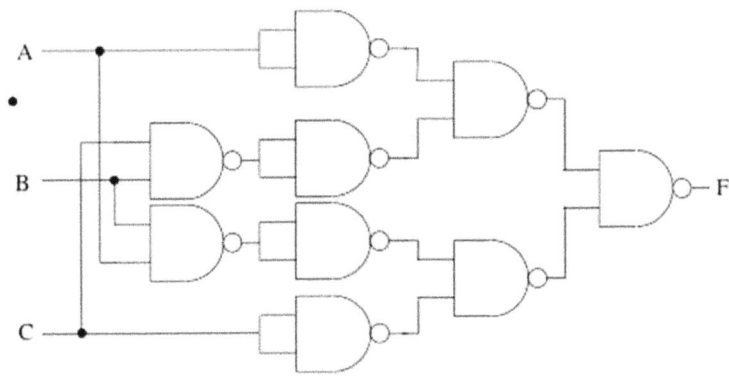

*Implementación de funciones con puertas NOR*

Lo mismo que con las puertas NAND, con las puertas NOR se puede implementar cualquier función booleana.

Vamos a ver cómo se pueden implementar el resto de puertas lógicas. Recordemos que las expresiones a las salidas de las puertas NOR son:

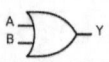
$$A+B = \overline{A}.\overline{B}$$

*Implementación de una puerta NOT*

Se hace de la misma manera que con las puertas NAND. Si introducimos la misma variable por las dos entradas, obtenemos la variable negada:

$$\overline{A+A} = \overline{A}$$

*Implementación de una puerta OR*

La función a implementar es: *F=A+B*.

Esta expresión la podemos poner de la siguiente manera:

$$F = A + B = \overline{\left(\overline{A + B}\right)}$$

Es decir, que podemos utilizar una puerta NOR y luego un inversor, que ya sabemos cómo implementarlo con puertas NOR. Lo que nos queda es:

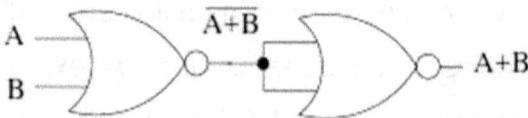

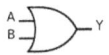
*Implementación de una puerta AND*

La función a implementar es: $F=A \cdot B$.

Podemos realizar las siguientes modificaciones para que pueda ser implementada con puertas NOR:

$$F = A \cdot B = \overline{\overline{A}} \cdot \overline{\overline{B}} = \overline{\left(\overline{A}\right)} \cdot \overline{\left(\overline{B}\right)}$$

Y el circuito quedaría así:

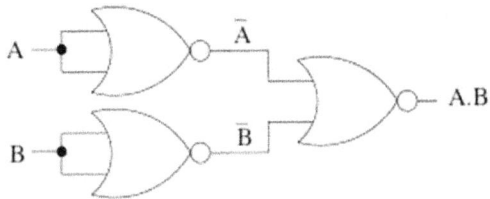

*Implementación de una puerta XOR*

La función a implementar es:

$$F = \overline{A} \cdot B + A \cdot \overline{B}$$

Haciendo las siguientes modificaciones:

$$F = \overline{A} \cdot B + A \cdot \overline{B} = \overline{\overline{\overline{A} \cdot B + A \cdot \overline{B}}} = \overline{\left(\overline{\left(\overline{A} \cdot B\right)} + \overline{\left(A \cdot \overline{B}\right)}\right)}$$

Y de la misma manera que hemos hecho con las puertas NAND, vamos a ir implementando esta función poco a poco.

Primero vemos que hay una puerta NOR cuyas entradas son $\overline{A} \cdot B$ y $A \cdot \overline{B}$, y que está negada:

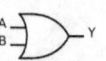
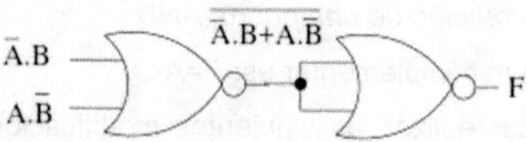

A continuación implementamos $\bar{A} \cdot B$ y $A \cdot \bar{B}$, teniendo en cuanta que los podemos reescribir de esta forma:

$$\overline{A} \cdot B = \overline{(A)} \cdot \overline{\left(\overline{B}\right)}$$

$$A \cdot \overline{B} = \overline{\left(\overline{A}\right)} \cdot \overline{(B)}$$

Gráficamente:

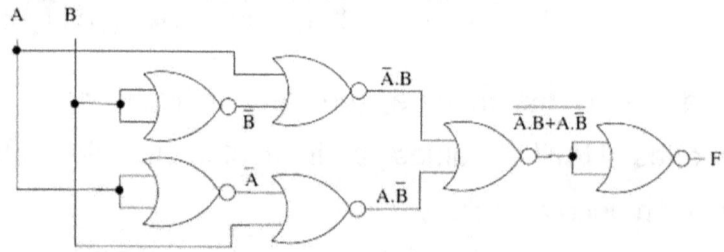

Uniendo "todas las piezas", el circuito final que nos queda es:

Hemos implementado la puerta XOR sólo con puertas NOR.

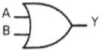
## Diseño de un controlador
## para un robot seguidor de línea

En este apartado diseñaremos un circuito digital que gobierne el comportamiento de un robot seguidor de línea.

El objetivo es que el alumno vea cómo todo lo aprendido hasta ahora se puede aplicar, y obtener también algo de intuición sobre el tipo de circuitos digitales que se pueden diseñar.

Obviamente no construiremos el robot entero, esto nos llevaría más tiempo.

Partiremos de un robot ya existente, que tiene una estructura mecánica hecha con piezas de Lego, dos motores, dos sensores para detectar el color negro sobre un fondo plano y la electrónica necesaria para controlar los motores y leer los sensores.

Este robot se comercializa bajo el nombre de Tritt.

Sin embargo utiliza un microcontrolador 6811 para implementar el "cerebro".

Nosotros diseñaremos nuestro propio cerebro digital, para que el robot siga una línea negra.

Microbot

*Especificaciones*

Las especificaciones son:

-Objetivo: Diseñar un circuito digital, capaz gobernar un microbot, haciendo que éste siga una línea negra pintada sobre un fondo blanco.

-Sensores: El microbot está dotado de dos sensores digitales capaces de diferenciar el color negro del

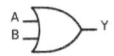

blanco. La salida de estos sensores es '0' cuando leen blanco y '1' cuando leen negro. Denominaremos a este bit como C:

| Sensor | C |
|---|---|
| Color Blanco | 0 |
| Color Negro | 1 |

-Motores: Dos motores de corriente continua que son controlados cada uno mediante dos bits, denominados S y P, descritos mediante la siguiente tabla de verdad:

| P | S | Motor |
|---|---|---|
| 0 | 0 | Parado |
| 0 | 1 | Parado |
| 1 | 0 | Giro derecha |
| 1 | 1 | Giro izquierda |

El bit P es el bit de 'Power'. Indica si el motor está conectado o no.

El bit S es el del sentido de giro.

Según su valor el motor girará a la derecha o a la izquierda (siempre que el motor esté activado, con P=1).

-El robot: El esquema del robot es el siguiente (visto desde arriba):

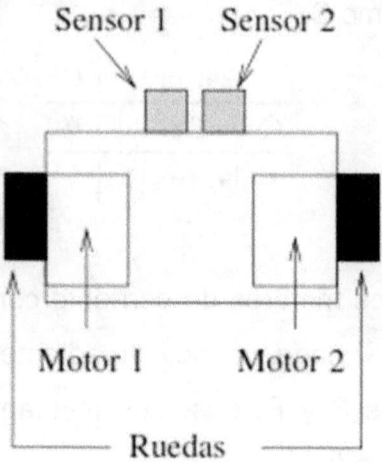

-Algoritmo: El algoritmo para seguir la línea negra es muy sencillo.

Mientras los dos sensores detecten negro, el robot deberá avanzar.

Cuando el sensor de la derecha detecte blanco y el de la izquierda negro, el robot girará a la izquierda y cuando ocurra el caso contrario girará a la derecha.

Si ambos sensores leen blanco permanecerá parado.

Esto se esquematiza en la siguiente figura:

| Recto | Giro izquierda | Giro derecha |

## *Diagrama de bloques*

Como primera fase del diseño tenemos que entender qué es lo que se nos está pidiendo y determinar el aspecto que tiene el circuito que hay que realizar. El circuito tendrá dos entradas provenientes de los sensores, $C_1$ y $C_2$, y cuatro salidas, dos para cada motor: $S_1$, $P_1$, $S_2$ y $P_2$:

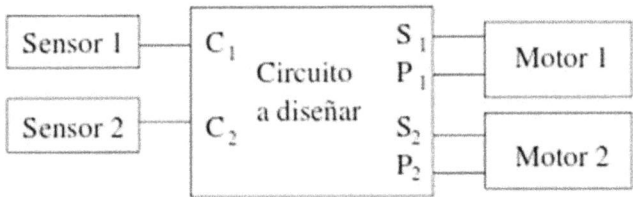

## *Tabla de verdad*

Ahora hay que definir el comportamiento del circuito, utilizando una tabla de verdad. Este comportamiento nos lo da el algoritmo de seguir la línea. La tabla de verdad es la siguiente:

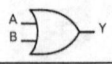

| $C_1$ | $C_2$ | $S_1$ | $P_1$ | $S_2$ | $P_2$ |
|---|---|---|---|---|---|
| 0 | 0 | x | 0 | x | 0 |
| 0 | 1 | 0 | 1 | 1 | 1 |
| 1 | 0 | 1 | 1 | 0 | 1 |
| 1 | 1 | 0 | 1 | 0 | 1 |

Con una 'x' se han marcado las casillas de la tabla de verdad que es indiferente su valor. Según nos convenga puede valer '0' ó '1'.

*Ecuaciones booleanas del circuito*

Puesto que el circuito sólo tiene 2 variables de entrada, es inmediato obtener las expresiones de $S_1$, $P_1$, y $S_2$, $P_2$.

$$S_1 = \overline{C_2}$$

$$S_2 = \overline{C_1}$$

$$P_1 = P_2 = C_1 + C_2$$

También se podría haber hecho Karnaugh:

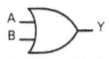

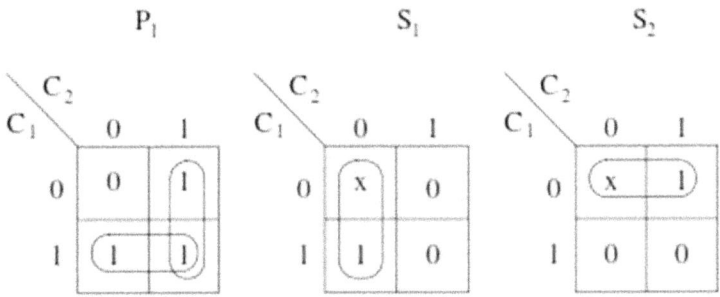

*Implementación del circuito*

El circuito, implementado con puertas lógicas básicas es el siguiente:

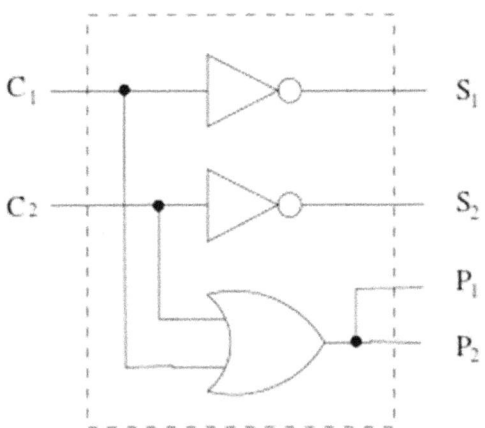

Si lo construimos utilizando puertas TTL, necesitamos dos integrados, uno para los inversores y otro para la puerta OR. Si en vez de ello lo implementamos sólo con puertas NAND, el circuito es el siguiente:

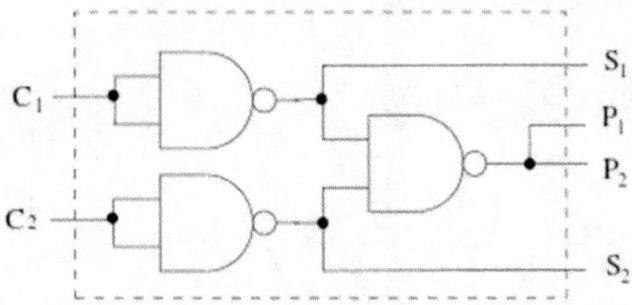

Tiene también 3 puertas, pero ahora sólo es necesario un sólo circuito integrado.

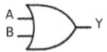

## Análisis de circuitos combinacionales

Por análisis entendemos lo contrario de diseño.

Al diseñar partimos de unas especificaciones, obtenemos una tabla de verdad o una función booleana, la simplificamos y la implementamos con puertas lógicas.

En el análisis partimos de un circuito y tendremos que obtener bien la tabla de verdad, bien la expresión booleana, lo que nos permitirá analizar si el circuito era el más óptimo o nos permitirá hacer una re-implementación de dicho circuito utilizando otra tecnología.

Si el circuito tiene pocas entradas, cuatro o menos, lo mejor es hacer la tabla de verdad.

Para realizarla tomaremos puntos intermedios en el circuito, que incluiremos también en la propia tabla. Iremos rellenando el valor de estos puntos intermedios hasta obtener el valor de la función. Y como siempre, lo mejor es ver ejemplos.

Ejemplo 1:

Obtener la tabla de verdad del siguiente circuito:

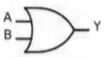
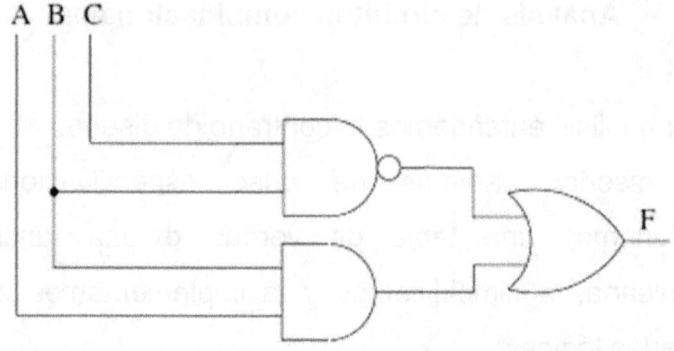

El problema se puede hacer de varias maneras.

Y ese suele ser uno de los problemas.

¿Qué camino escojo para obtener la tabla de verdad? Por un lado podemos obtener la expresión de F, pasando las puertas lógicas a operaciones del Algebra de Boole y luego obtener la tabla de verdad.

O podemos obtener directamente la tabla de verdad.

Sea cual sea el camino elegido, lo primero que haremos será tomar puntos intermedios, seleccionamos las salidas de las puertas lógicas y les asignamos una variable booleana:

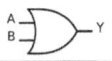
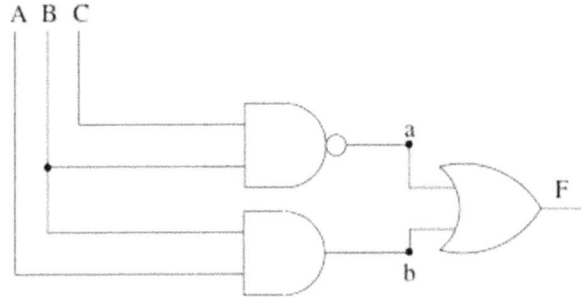

En este circuito hemos tomado dos puntos intermedios, el a y el b. Si decidimos obtener F usando el Algebra de Boole, la expresión que obtenemos es:

$$F = a + b = \overline{B \cdot C} + A \cdot B = \overline{B} + \overline{C} + A \cdot B$$

Y ahora la representaríamos en una tabla de verdad. Sin embargo, suele ser más sencillo obtener la tabla de verdad directamente del diseño y luego aplicar karnaugh para obtener la expresión más simplificada de F, si fuese necesario.

En la tabla de verdad dibujaremos nuevas columnas en las que aparecen los puntos intermedios, que nos permitirán ir anotando los cálculos intermedios para obtener F más fácilmente. La tabla de verdad sin rellenar es:

| A | B | C | $a = \overline{B \cdot C}$ | $b = B \cdot A$ | $F = a + b$ |
|---|---|---|---|---|---|
| 0 | 0 | 0 | | | |
| 0 | 0 | 1 | | | |
| 0 | 1 | 0 | | | |
| 0 | 1 | 1 | | | |
| 1 | 0 | 0 | | | |
| 1 | 0 | 1 | | | |
| 1 | 1 | 0 | | | |
| 1 | 1 | 1 | | | |

Y ahora vamos columna por columna, rellenando la información. Comenzaremos por la columna a. Hay que hacer la NAND de B y C. Para no confundirnos, nos dibujamos la tabla NAND para dos variables:

| A | B | $A \cdot B$ | $\overline{A \cdot B}$ |
|---|---|---|---|
| 0 | 0 | 0 | 1 |
| 0 | 1 | 0 | 1 |
| 1 | 0 | 0 | 1 |
| 1 | 1 | 1 | 0 |

Y nos fijamos en que sólo vale '0' cuando ambas variables son 1.

Recorremos las filas de B y C buscando el caso en el que B=1 y C=1, y anotamos un '0'.

Para el resto de casos a='1'.

Nos queda lo siguiente:

| A | B | C | $a = \overline{B \cdot C}$ | $b = B \cdot A$ | $F = a + b$ |
|---|---|---|---|---|---|
| 0 | 0 | 0 | 1 | | |
| 0 | 0 | 1 | 1 | | |
| 0 | 1 | 0 | 1 | | |
| 0 | 1 | 1 | **0** | | |
| 1 | 0 | 0 | 1 | | |
| 1 | 0 | 1 | 1 | | |
| 1 | 1 | 0 | 1 | | |
| 1 | 1 | 1 | **0** | | |

Se ha marcado con "negrita" los dos casos en los que B=1 y C=1.

Para el resto de casos "no hemos tenido que pensar", se puede rellenar de forma directa.

Este método nos permite obtener las tablas de verdad de una manera muy rápida y cometiendo muy pocos errores.

Contemos con la siguiente columna.

En este caso hay que rellenar una columna con el producto entre B y A.

Nuevamente nos fijamos en la tabla de la operación AND y vemos que el resultado sólo vale '1' cuando B=1 y A=1.

Para el resto de casos se tendrá '0':

| A | B | C | $a = \overline{B \cdot C}$ | $b = B \cdot A$ | $F = a + b$ |
|---|---|---|---|---|---|
| 0 | 0 | 0 | 1 | 0 | |
| 0 | 0 | 1 | 1 | 0 | |
| 0 | 1 | 0 | 1 | 0 | |
| 0 | 1 | 1 | 0 | 0 | |
| 1 | 0 | 0 | 1 | 0 | |
| 1 | 0 | 1 | 1 | 0 | |
| 1 | 1 | 0 | 1 | 0 | |
| 1 | 1 | 1 | 0 | 1 | |

Y por último ya podemos obtener el valor de F, aplicando una operación OR a la columna a con la b. Por la definición de la operación OR (mirando su tabla), sabemos que sólo vale 0 cuando ambos operandos son '0'. Buscamos ese caso en la tabla y en el resto de filas ponemos un '1'. La tabla final es:

| A | B | C | $a = \overline{B \cdot C}$ | $b = B \cdot A$ | $F = a + b$ |
|---|---|---|---|---|---|
| 0 | 0 | 0 | 1 | 0 | 1 |
| 0 | 0 | 1 | 1 | 0 | 1 |
| 0 | 1 | 0 | 1 | 0 | 1 |
| 0 | 1 | 1 | 0 | 0 | 0 |
| 1 | 0 | 0 | 1 | 0 | 1 |
| 1 | 0 | 1 | 1 | 0 | 1 |
| 1 | 1 | 0 | 1 | 0 | 1 |
| 1 | 1 | 1 | 0 | 1 | 1 |

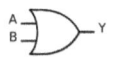

Aunque no los pide el enunciado del ejercicio, vamos a obtener la expresión más simplificada de F, usando Karnaugh, y la vamos a comparar con la expresión F que antes obtuvimos. El diagrama de Karnaugh es muy sencillo de obtener a partir de la tabla de verdad, puesto que sólo un '0'. Pintamos este '0' en su casilla correspondiente (A=0, B=1 y C=1) y el resto de casillas valdrán '1':

| A \ BC | 00 | 01 | 11 | 10 |
|--------|----|----|----|----|
| 0      | 1  | 1  | 0  | 1  |
| 1      | 1  | 1  | 1  | 1  |

Podemos hacer los siguientes grupos:

| A \ BC | 00 | 01 | 11 | 10 |
|--------|----|----|----|----|
| 0      | 1  | 1  | 0  | 1  |
| 1      | 1  | 1  | 1  | 1  |

De los que obtenemos la expresión más simplificada de F:

$$F = A + \overline{B} + \overline{C}$$

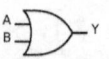
Vemos que está más simplificada que la expresión inicial que obtuvimos aplicando el Algebra de Boole.

*Resumen*

Todo circuito digital está constituido en su interior por circuitos combinacionales y/o circuitos secuenciales. Estos últimos son capaces de almacenar información. En este capítulo hemos trabajado con circuitos combinaciones, en los que sus salidas dependen directamente de las entradas, y no son capaces de almacenar información ni recordar cuáles fueron las entradas anteriores. Para la construcción de los circuitos combinacionales, se emplean las puertas lógicas, que permiten realizar electrónicamente las operaciones del Algebra de Boole. Las puertas lógicas básicas con AND, OR y NOT, pero también existen otras puertas lógicas que se usan mucho: NAND, NOR y XOR. Cualquier circuito combinacional se puede construir a partir de las puertas básicas, combinándolas adecuadamente. Sin embargo, también es posible implementar circuitos utilizando sólo puertas NAND, o sólo puertas NOR. Las puertas lógicas se encuentran encapsuladas en un circuito integrado. Esto se denomina tecnología TTL. También es posible utilizar otras tecnologías para la construcción de circuitos digitales, como son los dispositivos lógicos programables o las FPGA's. El diseño de un circuito combinacional es sencillo. A partir de unas especificaciones se obtiene la tabla de verdad de las salidas del circuito, y utilizando el método de simplificación de Karnaugh obtendremos la función más simplificada. Las funciones así obtenidas se podrán implementar de diversas maneras, entre las que hemos visto, su implementación usando puertas básicas, sólo puertas NAND, o sólo puertas NOR. Como ejemplo práctico, hemos diseñado un circuito combinacional que actúa de "cerebro" de un Microbot, controlándolo de manera que siga una línea negra sobre un fondo blanco. Finalmente hemos visto cómo se analizan los circuitos, obteniendo sus tablas de verdad o ecuaciones booleanas a partir de las puertas lógicas.

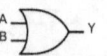
## Ejercicios

*Ejercicio 1:*

Obtener las expresiones booleanas de las salidas de los siguientes circuitos (no hay que simplificar ni operar estas expresiones):

Circuito 1:

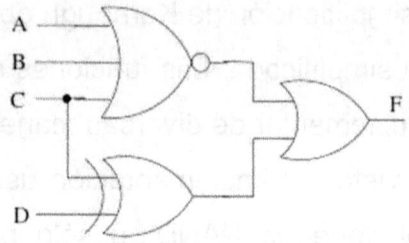

Circuito 2:

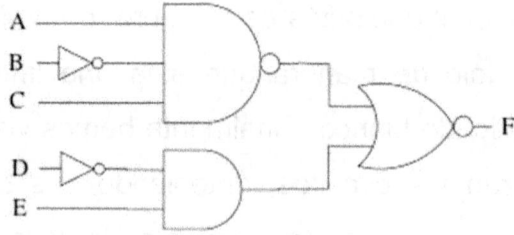

Circuito 3:

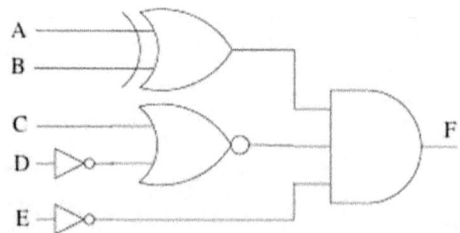

Ejercicio 2:

Implementar las siguientes funciones, utilizando cualquier tipo de puertas lógicas, sabiendo que todas las funciones están simplificadas al máximo.

$$1. \quad F = A \cdot B + \overline{B} \cdot \overline{C}$$

Ejercicio 3:

Implementar sólo con puertas NAND

Ejercicio 4:

Implementar sólo con puertas NOR

Ejercicio 5:

Dada la función $F = A \cdot B + A \cdot \overline{C}$:

- Implementar con cualquier tipo de puertas lógicas
- Implementar sólo con puertas NAND
- Implementar sólo con puertas NOR
- Aplicar la propiedad distributiva e implementar con cualquier tipo de puertas lógicas
- ¿En qué circuito se utilizan el menor número de puertas?

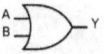

## Circuitos MSI
## Multiplexores y Demultiplexores

Los circuitos MSI son los que están constituidos por un número de puertas lógicas comprendidos entre 12 y 100. En este capítulo veremos una serie de circuitos combinaciones que se utilizan mucho en electrónica digital y que son la base para la creación de diseños más complejos. Aunque se pueden diseñar a partir de puertas lógicas, estos circuitos se pueden tratar como "componentes", asignándoles un símbolo, o utilizando una cierta nomenclatura.

*Los circuitos que veremos son los siguientes:*
·   Multiplexores y Demultiplexores
·   Codificadores y Decodificadores
·   Comparadores

Lo más importante es comprender para qué sirven, cómo funcionan y que bits de entrada y salida utilizan.

Estos circuitos los podríamos diseñar perfectamente nosotros, puesto que se trata de circuitos combinacionales y por tanto podemos aplicar todo lo aprendido.

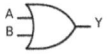

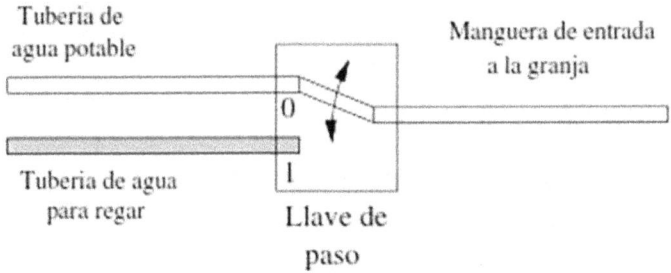

## Multiplexores

Un Multiplexor es un circuito combinacional al que entran varios canales de datos, y sólo uno de ellos, el que hayamos seleccionado, es el que aparece por la salida. Es decir, que es un circuito que nos permite seleccionar que datos pasan a través de dicho componente. Vamos a ver un ejemplo NO electrónico. Imaginemos que hay dos tuberías (canales de datos) por el que circulan distintos fluidos (datos). Una transporta agua para regar y la otra agua potable. Estas tuberías llegan a una granja, en la cual hay una única manguera por la que va a salir el agua (bien potable o bien para regar), según lo que seleccione el granjero posicionando la llave de paso en una u otra posición. En la figura se muestra un esquema.

Las posiciones son la 0 para el agua potable y 1 para el agua de regar.

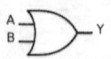

Moviendo la llave de paso, el granjero puede seleccionar si lo que quiere que salga por la manguera es agua potable, para dar de beber al ganado, o agua para regar los cultivos.

Según cómo se posicione esta llave de paso, en la posición 0 ó en la 1, seleccionamos una tubería u otra. Pero ¿por qué sólo dos tuberías? Porque es un ejemplo. A la granja podrían llegar 4 tuberías.

En este caso el granjero tendría una llave de paso con 4 posiciones, como se muestra en la figura.

Esta llave se podría poner en 4 posiciones distintas para dar paso a la tubería 0, 1, 2 ó 3. Obsérvese que sólo pasa una de las tuberías en cada momento. Hasta que el granjero no vuelva a cambiar la llave de paso no se seleccionará otra tubería.

Con este ejemplo es muy fácil entender la idea de multiplexor. Es como una llave de paso, que sólo conecta uno de los canales de datos de entrada con el canal de datos de salida.

Ahora en vez de en tuberías, podemos pensar en canales de datos, y tener un esquema como el que se muestra en la figura, en la que hay 4 canales de datos, y sólo uno de ellos es seleccionado por el multiplexor para llegar a la salida.

En general, en un multiplexor tenemos dos tipos de entradas:

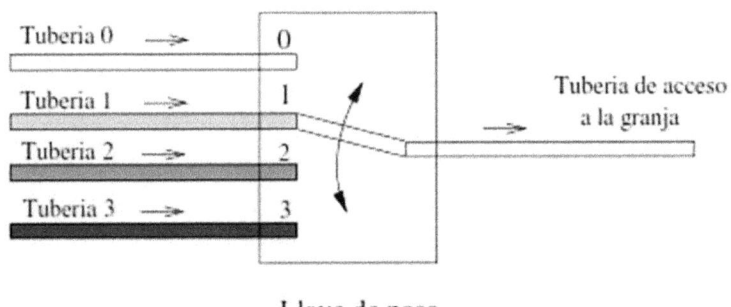

Sistema de agua de 4 tuberías

Un multiplexor que selecciona entre 4 canales de datos

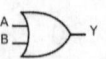
## Multiplexor de 4 canales de entrada, de 2 bits

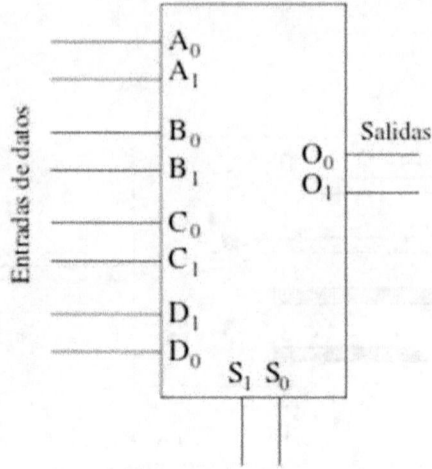

## Multiplexor de 4 canales de entrada, de 1 bit

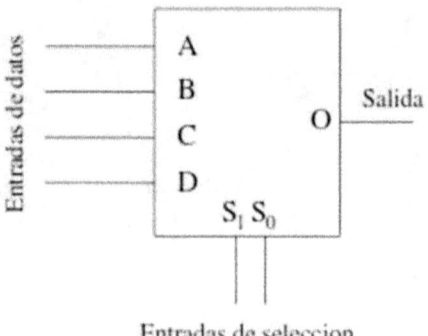

Dos multiplexores de 4 canales de entrada

– Entradas de datos: (Las tuberías en el ejemplo).

- Entrada de selección: Indica cuál de las entradas se ha seleccionado (posición de la llave de paso).

*Multiplexores y bits*

Hemos visto cómo a un multiplexor le llegan números por distintas entradas y según el número que le llegue por la entrada de selección, lo manda por la salida o no.

*Números*

Recordemos que los circuitos digitales sólo trabajan con números. Pero estos números, vimos que siempre vendrán expresados en binario y por tanto se podrán expresar mediante bits. ¿Cuantos bits? Depende de lo grande que sean los números con los que se quiere trabajar.

En el interior de los microprocesadores es muy normal encontrar multiplexores de 8 bits, que tienen varias entradas de datos de 8 bits. Pero se puede trabajar con multiplexores que tengan 4 bits por cada entrada, o incluso 2, o incluso 1bit. En la figura se muestran dos multiplexores que tienen 4 entradas de datos. Por ello la entrada de selección tiene dos bits (para poder

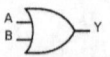

seleccionar entre los cuatro canales posibles). Sin embargo, en uno las entradas de datos son de 2 bits y en el otro de 1 bit.

Mirando el número de salidas, podemos conocer el tamaño de los canales de entrada.

Así en los dos multiplexores de la figura, vemos que el de la izquierda tiene 2 bits de salida, por tanto sus canales de entrada son de 2 bits. El de la derecha tiene 1 bit de salida, por tanto los canales de 1 bit.

Los multiplexores en lo que principalmente nos centraremos son los que tienen canales de 1 bit. A partir de ellos podremos construir multiplexores mayores, bien con un mayor número de canales de entrada o bien con un mayor número de bits por cada canal.

*Multiplexores de 1 bit y sus expresiones booleanas*

Llamaremos así a los multiplexores que tienen canales de entrada de 1 bit, y por tanto sólo tienen un bit de salida.

Estudiaremos estos multiplexores, comenzando por el más simple de todos, el que sólo tienen una entrada de selección.

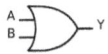

*Multiplexores con una entrada de selección*

El multiplexor más simple es el que sólo tiene una entrada de selección, S, que permite seleccionar entre dos entradas de datos, según qué $S = 0$ ó $S = 1$. Su aspecto es el siguiente:

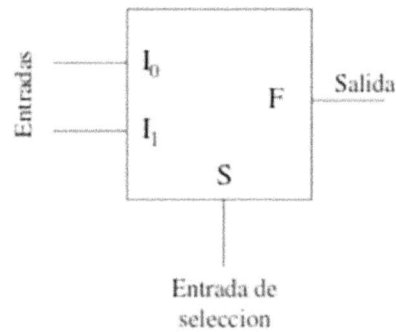

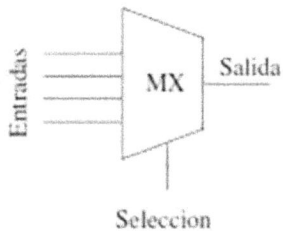

¿Cómo podemos expresar la función de salida F, usando el Algebra de Boole? Existe una manera muy sencilla y que ya conocemos: hacer la tabla de verdad y obtener la función más simplificada. Construyamos la tabla de verdad. Lo primero que nos preguntamos

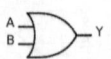

es, ¿Cuantas entradas tengo en este circuito? En total hay tres entradas. Dos son de datos: $I_1$ e $I_0$, y una es de selección: $S$. La tabla de verdad tendrá en total $2^3$ = 8 filas. Para construir esta tabla de verdad sólo hay que entender el funcionamiento del multiplexor e ir caso por caso rellenando la tabla.

Por ejemplo ¿Qué ocurre si 1, $I_1$ = 0 e $I_0$ = 1? Aplicamos la definición de multiplexor. Puesto que $S$=0, se está seleccionando la entrada de datos 0, es decir, la entrada $I_0$.

Por tanto, lo que entre por la entrada $I_1$ será ignorado por el multiplexor. Si la entrada seleccionada es la $I_0$, la salida tendrá su mismo valor. Y puesto que $I_0$ = 1 entonces $F$=1. Si hacemos lo mismo para todos los casos, tendremos la siguiente tabla de verdad:

| $S$ | $I_1$ | $I_0$ | $F$ |
|---|---|---|---|
| 0 | 0 | 0 | 0 |
| 0 | 0 | 1 | 1 |
| 0 | 1 | 0 | 0 |
| 0 | 1 | 1 | 1 |
| 1 | 0 | 0 | 0 |
| 1 | 0 | 1 | 0 |
| 1 | 1 | 0 | 1 |
| 1 | 1 | 1 | 1 |

La tabla se ha dividido en dos bloques, uno en el que S=0 y otro en el que S=1. En el primer bloque, se selecciona $I_0$ que aparecerá en la salida. Se ha puesto en negrita todos los valores de $I_0$ para que se vea que son los mismos que hay a la salida. En el bloque inferior, lo que se selecciona es $I_1$ y es lo que se obtiene por la salida.

Apliquemos el método de Karnaugh para obtener la expresión más simplificada de F. El diagrama que se obtiene es el siguiente: (Se aconseja al lector que lo haga por su propia cuenta, sin mirar los apuntes, así le sirve además para practicar.

| $I_1 I_0$ / S | 00 | 01 | 11 | 10 |
|---|---|---|---|---|
| 0 | 0 | 1 | 1 | 0 |
| 1 | 0 | 0 | 1 | 1 |

Obtenemos la siguiente expresión:

$$F = \overline{S} \cdot I_0 + S \cdot I_1$$

Y si ahora "escuchamos" lo que la ecuación nos dice, veremos que tiene mucho sentido:

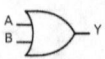
"Si S=0, $F = I_0$ y si S=1, $F = I_1$"

La salida toma el valor de una de las entradas, según el valor que tome la entrada de selección. En realidad, el multiplexor lo podríamos haber descrito de una manera más sencilla, y podríamos haber obtenido la ecuación de otra forma. Veamos cómo. La función F que describe el comportamiento de un multiplexor con una única entrada de selección, la podemos describir mediante la siguiente tabla:

| S | F |
|---|---|
| 0 | $I_0$ |
| 1 | $I_1$ |

Que lo que nos viene a decir es lo mismo que su ecuación: cuando S=0, por la salida del multiplexor aparece el valor y cuando S=1, aparece el valor $I_0$. Estamos considerando las variables $I_0$ e $I_1$ e como parámetros y NO como variables de entrada del circuito y por tanto estamos considerando como si la función F sólo dependiese de la variable S, es decir, tenemos la función F(S). ¿Cómo podemos obtener la ecuación del multiplexor a partir de esta tabla?

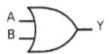

Aplicando el teorema de expansión, que vimos anteriormente, así obtenemos lo siguiente:

$$F(S) = S \cdot F(1) + \overline{S} \cdot F(0)$$

Y F(1) es la salida del multiplexor cuando S=1, es decir, que F (1) = $I_1$ y F(0) es la salida cuando S=0, F(0)=$I_0$. La ecuación del multiplexor es la siguiente:

$$F(S) = S \cdot I_1 + \overline{S} \cdot I_0$$

Lo importante es comprender cómo funcionan este tipo de multiplexores y cuál es la ecuación que los describe, independientemente de cómo la hayamos obtenido.

Aquí, hemos obtenido la ecuación por dos métodos diferentes.

Veremos que con los multiplexores de dos entradas de selección sólo lo podremos hacer por el segundo método.


*Multiplexores con dos entradas de selección*

El siguiente multiplexor en complejidad es el que tenga 2 entradas de selección, por lo que se podrá seleccionar hasta 4 entradas posibles.

Habrá por tanto 4 entradas de datos.

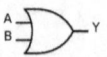
El circuito es como el siguiente:

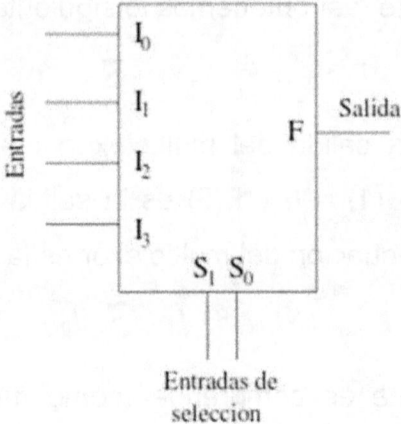

Hay 4 entradas de datos y 2 entradas de selección, en total 6 entradas.

Ahora hacemos lo mismo que antes, construimos la tabla de verdad y aplicamos Karnaugh.

Vemos que este método, aunque fácil, requiere muchas operaciones.

Es un método ideal para que lo haga un ordenador. Nosotros obtendremos sus ecuaciones de otra manera diferente.

Vamos a describir este multiplexor mediante la siguiente tabla:

| $S_1$ | $S_0$ | F |
|-------|-------|-----|
| 0 | 0 | $I_0$ |
| 0 | 1 | $I_1$ |
| 1 | 0 | $I_2$ |
| 1 | 1 | $I_3$ |

Lo que nos está expresando es que la salida del multiplexor valdrá $I_0$, $I_1$, $I_2$, o $I_3$, o según el valor que tomen las variables de entrada *S1* y *S0*. Estamos considerando que la función $F$ $(S_1, S_0)$ sólo depende de estas dos variables: y que $I_0$, $I_1$, $I_2$, e $I_3$, son parámetros, es decir, valores constantes que pueden valer '0' ó '1'.

Si aplicamos el teorema de expansión a la función, F ($S_1$ y $S_0$) desarrollándola por $S_1$, obtenemos lo siguiente:

$$F(S_1, S_0) = S_1 \cdot F(1, S_0) + \overline{S_1} \cdot F(0, S_0)$$

Y si ahora aplicamos nuevamente el teorema de expansión a las funciones *F (1, $S_0$)* y *F (0, $S_0$)*, desarrollándolas por la variable $S_0$, tenemos lo siguiente:

$$F(1, S_0) = S_0 \cdot F(1, 1) + \overline{S_0} \cdot F(1, 0)$$

$$F(0, S_0) = S_0 \cdot F(0, 1) + \overline{S_0} \cdot F(0, 0)$$

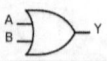
Y ahora, si lo juntamos todo en una única expresión, tenemos:

$$F(S_1, S_0) = S_1 \cdot F(1, S_0) + \overline{S_1} \cdot F(0, S_0) =$$

$$S_1 \cdot \left[ S_0 \cdot F(1,1) + \overline{S_0} \cdot F(1,0) \right] + \overline{S_1} \cdot \left[ S_0 \cdot F(0,1) + \overline{S_0} \cdot F(0,0) \right] =$$

$$S_1 S_0 F(1,1) + S_1 \overline{S_0} F(1,0) + \overline{S_1} S_0 F(0,1) + \overline{S_1}\,\overline{S_0} F(0,0)$$

¿Cuándo vale F (0,0)?, es decir, ¿cuál es la salida del multiplexor? Cuando $S_0=0$ y $S_1=0$. Por la definición de multiplexor, la salida será lo que venga por el canal 0, que es $I_0$. De la misma manera obtenemos que:

**F(0,1) = I1, F(1,0) = I$_2$, F(1,1) = I3**

Sustituyendo estos valores en la ecuación anterior y reordenándola un poco tenemos la expresión final para un multiplexor de dos entradas de selección:

$$F = \overline{S_1} \cdot \overline{S_0} \cdot I_0 + \overline{S_1} \cdot S_0 \cdot I_1 + S_1 \cdot \overline{S_0} \cdot I_2 + S_1 \cdot S_0 \cdot I_3$$

Olvidémonos ahora de cómo hemos obtenido esa ecuación. Lo importante es entenderla y saber utilizarla. Vamos a comprobar si efectivamente esta ecuación describe el funcionamiento de un multiplexor de 2 entradas de selección y 4 entradas de datos.

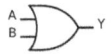

Si $S_1=0$ y $S_0=0$, sabemos por el comportamiento de un multiplexor que se seleccionará la entrada para que aparezca por la salida. Vamos a comprobarlo. En la ecuación del multiplexor sustituimos $S_1$ por 0 y $S_0$ por 1.

Obtenemos:

$$F = \overline{0} \cdot \overline{0} \cdot I_0 + \overline{0} \cdot 0 \cdot I_1 + 0 \cdot \overline{0} \cdot I_2 + 0 \cdot 0 \cdot I_3 =$$

$$= 1 \cdot 1 \cdot I_0 + 1 \cdot 0 \cdot I_1 + 0 \cdot 1 \cdot I_2 + 0 \cdot 0 \cdot I_3 =$$

$$= I_0$$

Se deja como ejercicio el que se compruebe la ecuación para el resto de valores de las entradas de selección.

*Multiplexor con cualquier número de entradas de selección*

Si ahora tenemos un multiplexor con 3 entradas de selección, que me permitirá seleccionar entre 8 entradas de datos, la ecuación que lo describe es la generalización de la ecuación. En total habrá 8 sumandos y en cada uno de ellos se encontrarán las variables $S_2$, $S_1$ y $S_0$, además de los correspondientes parámetros $I_0$, $I_1$,...$I_7$.

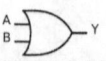

.La ecuación será:

$$F = \overline{S_2} \cdot \overline{S_1} \cdot \overline{S_0} \cdot I_0 + \overline{S_2} \cdot \overline{S_1} \cdot S_0 \cdot I_1 + \overline{S_2} \cdot S_1 \cdot \overline{S_0} \cdot I_2 + \overline{S_2} \cdot S_1 \cdot S_0 \cdot I_3 +$$

$$+ S_2 \cdot \overline{S_1} \cdot \overline{S_0} \cdot I_4 + S_2 \cdot \overline{S_1} \cdot S_0 \cdot I_5 + S_2 \cdot S_1 \cdot \overline{S_0} \cdot I_6 + S_2 \cdot S_1 \cdot S_0 \cdot I_7$$

Y lo mismo podemos hacer para cualquier multiplexor con un número de entradas de selección mayor, lo que ocurre que la ecuación tendrá muchos más términos.

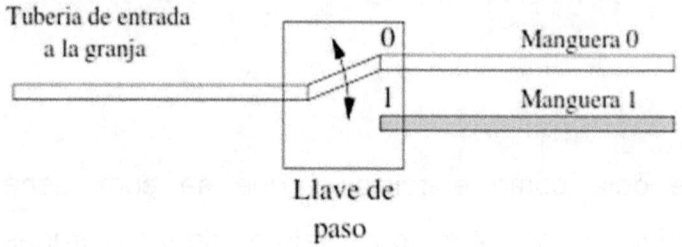

Similitud entre Demultiplexor y un sistema de agua de una granja

*Demultiplexores*

*Conceptos*

El concepto de demultiplexor es similar al de multiplexor, viendo las entradas de datos como salidas y la salida como entradas. En un multiplexor hay varias entradas de datos, y sólo una de ellas se saca por el canal de salida. En los demultiplexores hay un único canal de entrada que se saca por una de las múltiples salidas (y sólo por una). Si utilizamos el

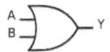

símil de la granja y las tuberías, podemos imaginar el siguiente escenario. Supongamos que ahora a la granja le llega una única tubería con agua, pero en el interior de la granja hay varias mangueras, cada una para limpiar una zona del establo o dar de beber a los animales de esa zona. Cómo sólo hay un granjero, sólo podrá usar una de las mangueras cada vez (el granjero no podrá usar a la vez dos mangueras, porque están en sitios diferentes). Para seleccionar qué manguera quiere usar en cada momento, hay una llave de paso, de manera que si la sitúa en una posición, el agua que viene por la entrada saldrá por la manguera 0, mientras que si la sitúa en la otra posición, el agua saldrá por la manguera 1. De la misma manera que en los multiplexores puede haber varias entradas, en los demultiplexores puede haber varias salidas. Por ejemplo en la figura se muestra el mismo sistema de tuberías de la granja, pero ahora hay 4 mangueras, para llegar a 4 zonas distintas de la granja. Ahora el granjero tendrá que posicionar la llave de paso en una de las 4 posiciones posibles, para que el agua salga por la manguera seleccionada. Ya comprendemos cómo funcionan los demultiplexores. Si lo aplicamos al mundo de la

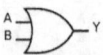
electrónica, en vez de tuberías tendremos canales de datos. Habrá un único canal de entrada, por el que llegarán números, que saldrán sólo por uno de los canales de salida, el que tengamos seleccionado, como se muestra en la figura. En general en un demultiplexor tendremos:

- Una entrada de datos

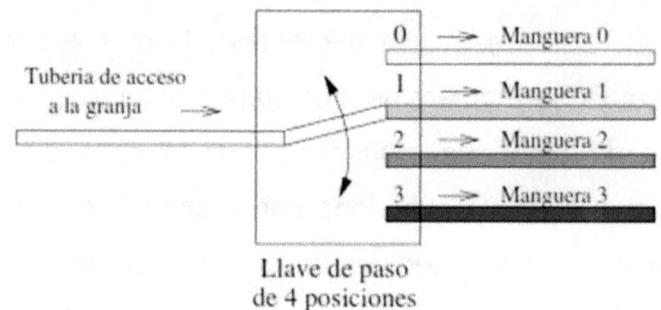

Sistema de agua de 4 mangueras

Demultiplexor que selecciona entre 4 canales de datos

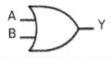

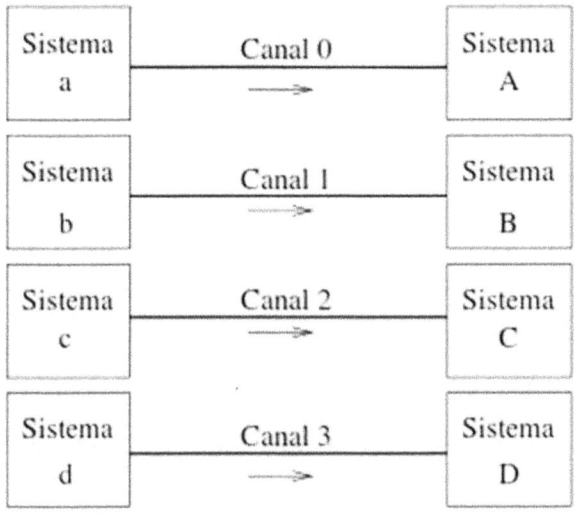

Alternativa para comunicar sistemas

- Una entrada de selección: que indica a cuál de las salidas se manda la entrada.
- Varios canales de datos de salida. Sólo estará activo el que se haya seleccionado.

*Juntando multiplexores y demultiplexores*

Vamos a ver una aplicación típica de los multiplexores y los demultiplexores. Imaginemos que tenemos 4 sistemas, que los llamaremos a, b, c y d, y que necesitan enviar información a otros 4 dispositivos A, B, C y D. La comunicación es uno a uno, es decir, el sistema a sólo envía información al sistema A, el b al

B, el c al C y el d al D. ¿Qué alternativas hay para que se produzca este envío de datos? Una posibilidad es obvia, y es la que se muestra en la figura. Directamente se tiran cables para establecer los canales de comunicación. Pero esta no es la única solución. Puede ser que podamos tirar los 4 cables, porque sean muy caros o porque sólo haya un único cable que comunique ambas parte, y será necesario llevar por ese cable todas las comunicaciones. La solución se muestra en la figura. Vemos que los sistemas a, b, c y d se conectan a un multiplexor. Un circuito de control, conectado a las entradas de selección de este multiplexor, selecciona periódicamente los diferentes sistemas, enviando por la salida el canal correspondiente. Podemos ver que a la salida del multiplexor se encuentra la información enviada por los 4 sistemas. Se dice que esta información está multiplexada en el tiempo. Al final de esta línea hay un demultiplexor que realiza la función inversa. Un circuito de control selecciona periódicamente por qué salidas debe salir la información que llega por la entrada. Lo que hemos conseguido es que toda la información enviada por un

sistema, llega a su homólogo en el extremo anterior, pero sólo hemos utilizado un único canal de datos.

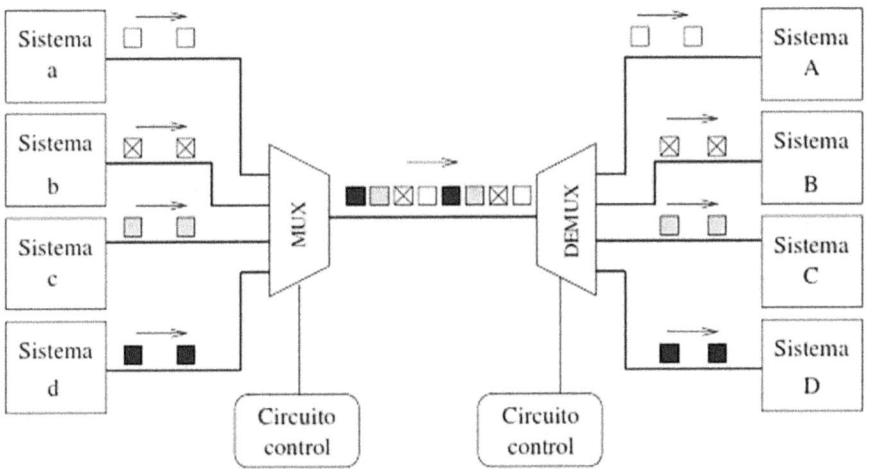

Uso de un multiplexor y demultiplexor para transmisión de datos por un único cable

*Demultiplexores y bits*

Un demultiplexor, como cualquier otro circuito digital trabaja sólo con números. Pero estos números vendrán expresados en binario, por lo que los canales de datos de entrada y salida, y la entrada de selección vendrán expresados en binario y tendrán un número determinado de bits. Una vez más nos hacemos la pregunta, ¿Cuántos bits? Depende. Depende de la aplicación que estemos diseñando o con la que estemos trabajando. En la figura se muestran dos demultiplexores de 4 canales, por lo que tendrán 2 bits para la entrada de selección. El de la izquierda tiene canales de 2 bits y el de la derecha de 1 bit. Los multiplexores que vamos a estudiar son lo que tienen canales de 1 bit. A partir de ellos podremos construir multiplexores con un mayor número de bits por canal.

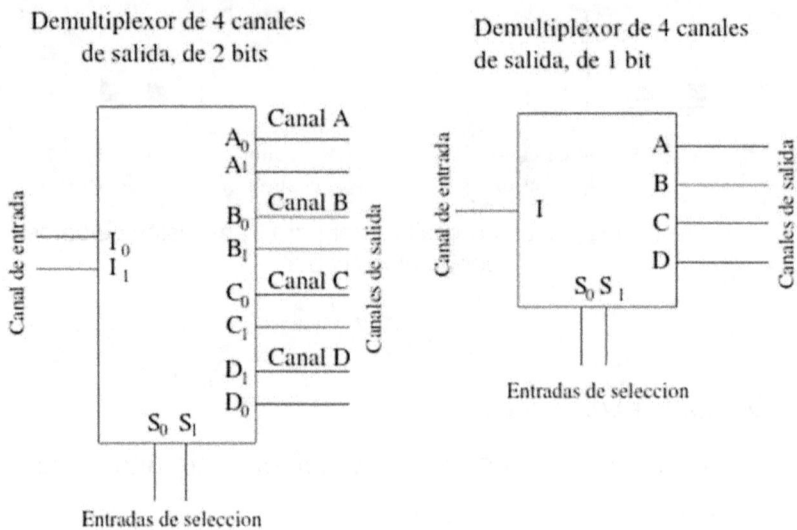

Demultiplexores de 4 canales de salida

*Demultiplexores de 1 bit y sus expresiones booleanas*
*Demultiplexor de una entrada de selección*
El demultiplexor más simple es el que tiene una entrada de selección, una entrada de datos y dos

salidas. Según el valor de la entrada de selección, la entrada de datos se sacará por la salida o por la:

Nos hacemos la misma pregunta que en el caso de los multiplexores:

¿Cómo podemos expresar las funciones de salida usando el Algebra de Boole?

Podemos escribir la tabla de verdad y obtener las expresiones más simplificadas.

Para tener la tabla aplicamos la definición de demultiplexor y vamos comprobando caso por caso qué valores aparecen en las salidas.

Por ejemplo, si S=1 e I=1, se estará seleccionando la salida $O_1$, y por ella saldrá el valor de I, que es 1.

La salida $O_0$ no estará seleccionada y tendrá el valor 0.

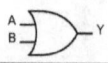

| S | I | $O_1$ | $O_0$ |
|---|---|---|---|
| 0 | 0 | 0 | 0 |
| 0 | 1 | 0 | 1 |
| 1 | 0 | 0 | 0 |
| 1 | 1 | 1 | 0 |

Para obtener las expresiones de y no hace falta aplicar Karnaugh puesto que cada salida sólo toma el valor '1' para un caso y '0' para todos los restantes. Desarrollando por la primera forma canónica:

$$O_1 = S \cdot I$$

$$O_0 = \overline{S} \cdot I$$

Y podemos comprobar que si hemos seleccionado la salida 0 (S=0), entonces $O_0$ = I y $O_1$ = 0, y si hemos seleccionado la salida 1 (S=1), $O_0$ = 0 y $O_1$=1.

De la misma manera que hicimos con los multiplexores, podemos considerar que las funciones $O_1$ y $O_0$ sólo dependen de la entrada de selección (S), tomando la entrada I como un parámetro.

Así podemos describir este demultiplexor mediante la siguiente tabla:

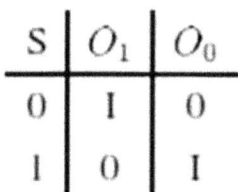

| S | $O_1$ | $O_0$ |
|---|---|---|
| 0 | I | 0 |
| I | 0 | I |

Esta descripción será la que empleemos, ya que es más compacta.

*Demultiplexor de dos entradas de selección*

Este demultiplexor tiene dos entradas de selección y cuatro salidas:

La tabla de verdad "abreviada" la podemos expresar así:

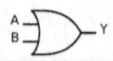

| $S_1$ | $S_0$ | $O_3$ | $O_2$ | $O_1$ | $O_0$ |
|-------|-------|-------|-------|-------|-------|
| 0 | 0 | 0 | 0 | 0 | I |
| 0 | 1 | 0 | 0 | I | 0 |
| 1 | 0 | 0 | I | 0 | 0 |
| 1 | 1 | I | 0 | 0 | 0 |

La entrada I se saca por la salida indicada en las entradas de selección. Las ecuaciones de las funciones de salida son:

$$O_0 = \overline{S_1} \cdot \overline{S_0} \cdot I$$

$$O_1 = \overline{S_1} \cdot S_0 \cdot I$$

$$O_2 = S_1 \cdot \overline{S_0} \cdot I$$

$$O_3 = S_1 \cdot S_0 \cdot I$$

Si analizamos la ecuación de $O_0$ lo que nos dice es lo siguiente: "$O_0$=I sólo cuando $S_1$ = 0 y $S_0$ = 0". Para el resto de valores que pueden tomar las entradas de selección $S_1$ y $S_0$; $O_0$ siempre será 0.

*Demultiplexor con cualquier número de entradas de selección*

Para demultiplexores con mayor número de entradas de selección, las ecuaciones serán similares. Por

ejemplo, en el caso de un demultiplexor que tenga tres entradas de selección: *S2, S1 y S0,* y que por tanto tendrá 8 salidas, la ecuación para la salida $O_5$ será:

$$O_5 = S_2 \cdot \overline{S_1} \cdot S_0 \cdot I$$

Y la ecuación de la salida será:

$$O_0 = \overline{S_2} \cdot \overline{S_1} \cdot \overline{S_0} \cdot I$$

Se deja como ejercicio al lector el que obtenga el resto de ecuaciones de salida.

*Multiplexores con entrada de validación (Enable)*
Los multiplexores, y en general la mayoría de circuitos MSI, disponen de una entrada adicional, llamada entrada de validación (en inglés Enable). Esta entrada funciona como un interruptor de encendido/apagado para el circuito MSI. Si la entrada de validación está activada, el circuito funcionará normalmente. Pero si esta está desactivada, el circuito sacará el valor '0' por todas sus salidas, independientemente de lo que llegue por sus entradas. Se dice que está deshabilitado (no está en funcionamiento). Las

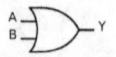

entradas de validación se les suele llamar E (del inglés Enable) y pueden ser de dos tipos:
Activas a nivel alto o activas a nivel bajo.

*Entrada de validación activa a nivel alto*
Si esta entrada se encuentra a '1' (E=1) el multiplexor funciona normalmente (está conectado).
Si se encuentra a '0' (E=0) entonces su salida será '0' (estará desconectado).

A continuación se muestra un multiplexor de 4 entradas de datos, 2 entradas de selección y una entrada de validación activa a nivel alto:

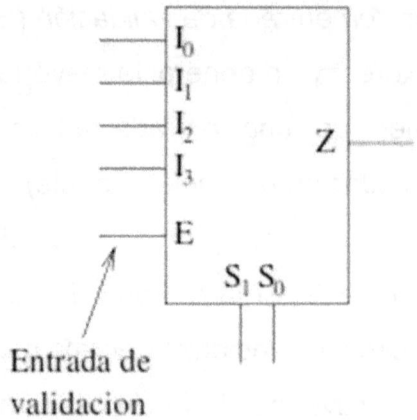

La tabla de verdad es la siguiente:

| E | $S_1$ | $S_0$ | Z |
|---|---|---|---|
| 0 | 0 | 0 | 0 |
| 0 | 0 | 1 | 0 |
| 0 | 1 | 0 | 0 |
| 0 | 1 | 1 | 0 |
| 1 | 0 | 0 | $I_0$ |
| 1 | 0 | 1 | $I_1$ |
| 1 | 1 | 0 | $I_2$ |
| 1 | 1 | 1 | $I_3$ |

Sólo en los casos en los que E=1, el multiplexor se comporta como tal. Cuando E=0, la salida Z siempre está a '0'. Esta tabla de verdad se suele escribir de una manera más abreviada de la siguiente manera:

| E | $S_1$ | $S_0$ | Z |
|---|---|---|---|
| 0 | x | x | 0 |
| 1 | 0 | 0 | $I_0$ |
| 1 | 0 | 1 | $I_1$ |
| 1 | 1 | 0 | $I_2$ |
| 1 | 1 | 1 | $I_3$ |

Con las 'x' de la primera fila se indica que cuando E=0, independientemente de los valores que tengan las entradas $S_1$ y $S_0$ y la salida siempre tendrá el valor '0'.

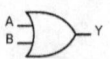

¿Y cuál sería la nueva ecuación de este multiplexor? La misma que antes pero ahora multiplicada por E:

$$Z = (\overline{S_1} \cdot \overline{S_0} \cdot I_0 + \overline{S_1} \cdot S_0 \cdot I_1 + S_1 \cdot \overline{S_0} \cdot I_2 + S_1 \cdot S_0 \cdot I_3) \cdot E$$

Si E=0, entonces Z=0. El multiplexor está deshabilitado.

*Entrada de validación activa a nivel bajo*
Otros fabricantes de circuitos integrados utilizan una entrada de validación activa a nivel bajo, que es justamente la inversa de la anterior.

Se suele denotar mediante $\overline{E}$.

Cuando la entrada E está a '0' el multiplexor funciona normalmente, y cuando está a '1' está desconectado.

En la siguiente figura se muestran dos multiplexores de 4 entradas, dos entradas de selección y una entrada de validación activa a nivel bajo.

Ambos multiplexores son iguales, pero se han utilizado notaciones distintas.

En el de la izquierda se utiliza $\overline{E}$ y en el de la derecha E pero con un pequeño círculo en la entrada:

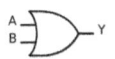

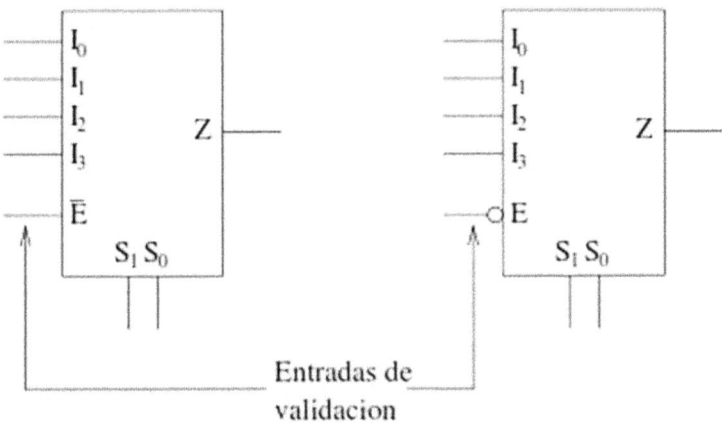

Entradas de
validacion

La tabla de verdad es la siguiente:

| E | $S_1$ | $S_0$ | Z |
|---|---|---|---|
| 0 | 0 | 0 | $I_0$ |
| 0 | 0 | 1 | $I_1$ |
| 0 | 1 | 0 | $I_2$ |
| 0 | 1 | 1 | $I_3$ |
| 1 | x | x | 0 |

Y la nueva ecuación es:

$$Z = (\overline{S_1} \cdot \overline{S_0} \cdot I_0 + \overline{S_1} \cdot S_0 \cdot I_1 + S_1 \cdot \overline{S_0} \cdot I_2 + S_1 \cdot S_0 \cdot I_3) \cdot \overline{E}$$

Cuando E=1, $\bar{E}$=0 y entonces Z=0, con lo que el multiplexor se encuentra deshabilitado.

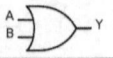

*Extensión de multiplexores*

La idea es poder conseguir tener multiplexores más grandes a partir de otros más pequeños. Y esto es necesario porque en nuestros diseños podemos necesitar unos multiplexores grandes, sin embargo en el mercado nos encontramos con multiplexores menores. Tenemos que saber cómo construir los multiplexores que necesitamos para nuestra aplicación a partir de los multiplexores que encontramos en el mercado. La extensión puede ser bien aumentando el número de entradas, bien aumentando el número de bits por cada canal de datos o bien ambos a la vez.

*Aumento del número de entradas*

La solución es conectarlos en cascada. Lo mejor es verlo con un ejemplo. Imaginemos que necesitamos un multiplexor de 8 canales, pero sólo disponemos de varios de 2 canales.

La solución es conectarlos en cascada. Primero colocamos una columna de 4 multiplexores de dos entradas, para tener en total 8 entradas. Todas las entradas de selección de esta primera columna se unen. Por comodidad en el dibujo, esto se representa

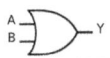

mediante una línea vertical que une la salida S de un multiplexor con el de abajo.

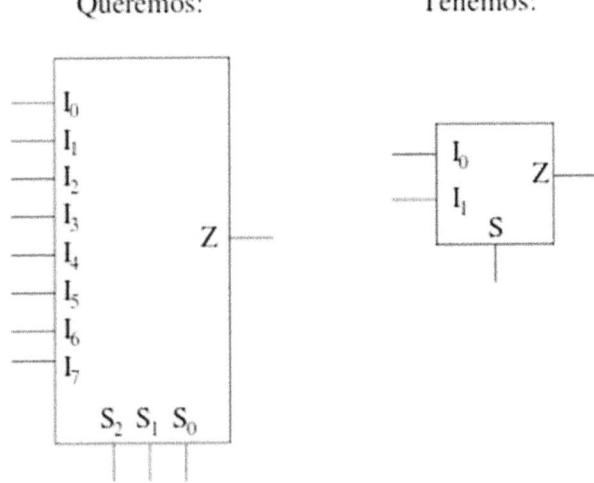

A continuación colocamos una segunda columna de 2 multiplexores de 2 entradas, también con sus entradas de selección unidas.

Finalmente colocamos una última columna con un único multiplexor de 2 entradas. Colocados de esta manera, conseguimos tener un multiplexor de 8 entradas y tres entradas de selección.

La única consideración que hay que tener en cuenta es que la entrada de selección de los multiplexores de la primera columna tiene peso 0, la segunda peso 1 y la última peso 2:

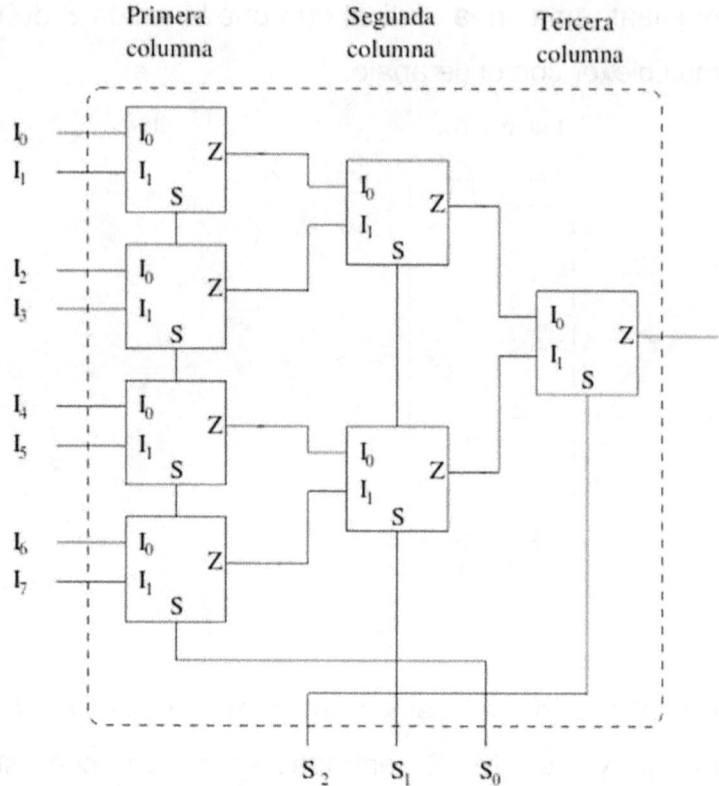

Primera columna　　Segunda columna　　Tercera columna

Vamos a comprobarlo (Siempre que se hace un diseño hay que comprobar si es correcto).

Vamos a comprobar qué ocurre si seleccionamos el canal 6. Introducimos en binario el número 6 por las entradas de selección: $S_2=1$, $S_1=1$ y $S_0=0$. Por la entrada S de los multiplexores de la primera columna se introduce un '0', por lo que estos multiplexores sacan por sus salidas lo que hay en sus entradas: $I_1$, $I_0$, $I_2$, $I_4$ e $I_6$. Por la entrada de selección de los

multiplexores de la segunda columna se introduce un '1' por lo que están seleccionando su canal $I_1$. A la salida de estos multiplexores se tendrá: $I_2$ e $I_6$. Finalmente, el multiplexor de la última columna está seleccionando su entrada $I_1$, por lo que la salida final es $I_6$ (Recordar la idea de multiplexor como una llave de paso que conecta tuberías de agua):

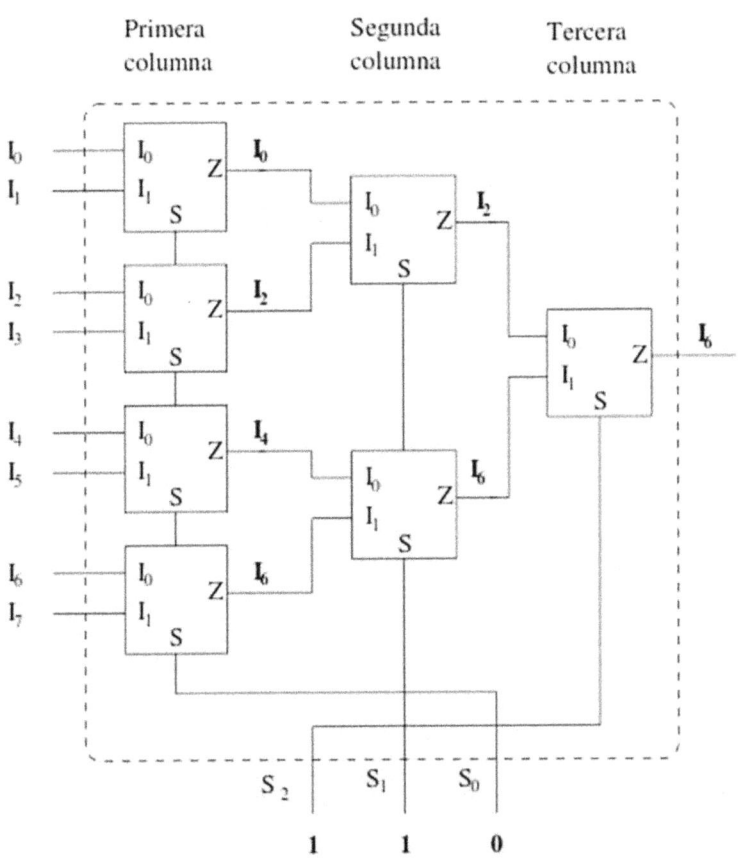

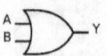
*Ejercicio*

Construir un multiplexor de 16 entradas usando multiplexores de 4.

En este caso lo que queremos y lo que tenemos es lo siguiente:

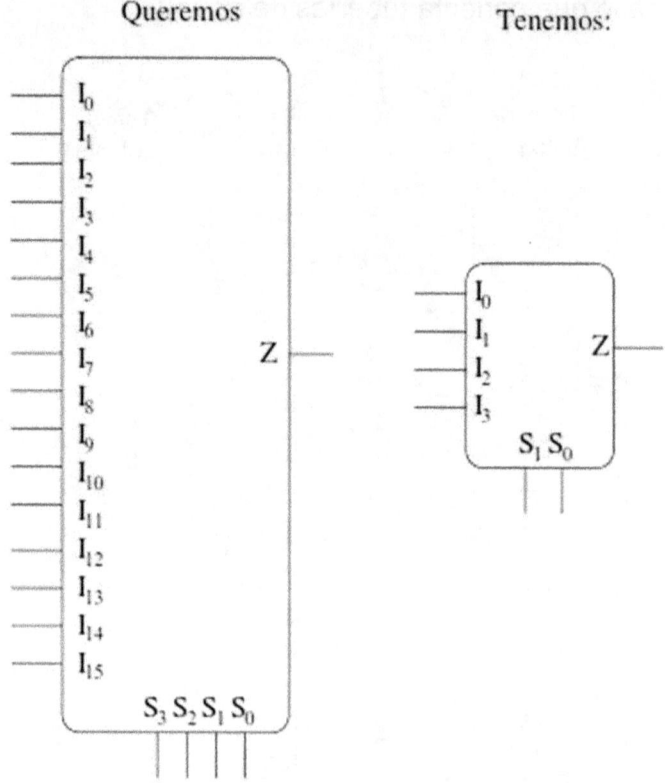

Queremos

Tenemos:

Los conectamos en cascada, para lo cual necesitamos una primera columna de 4 multiplexores de 4 entradas, con entradas $S_0$ de todos ellos unidos,

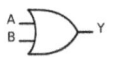

así como las $S_1$. En la segunda fila hay un único multiplexor de 4 entradas:

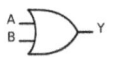

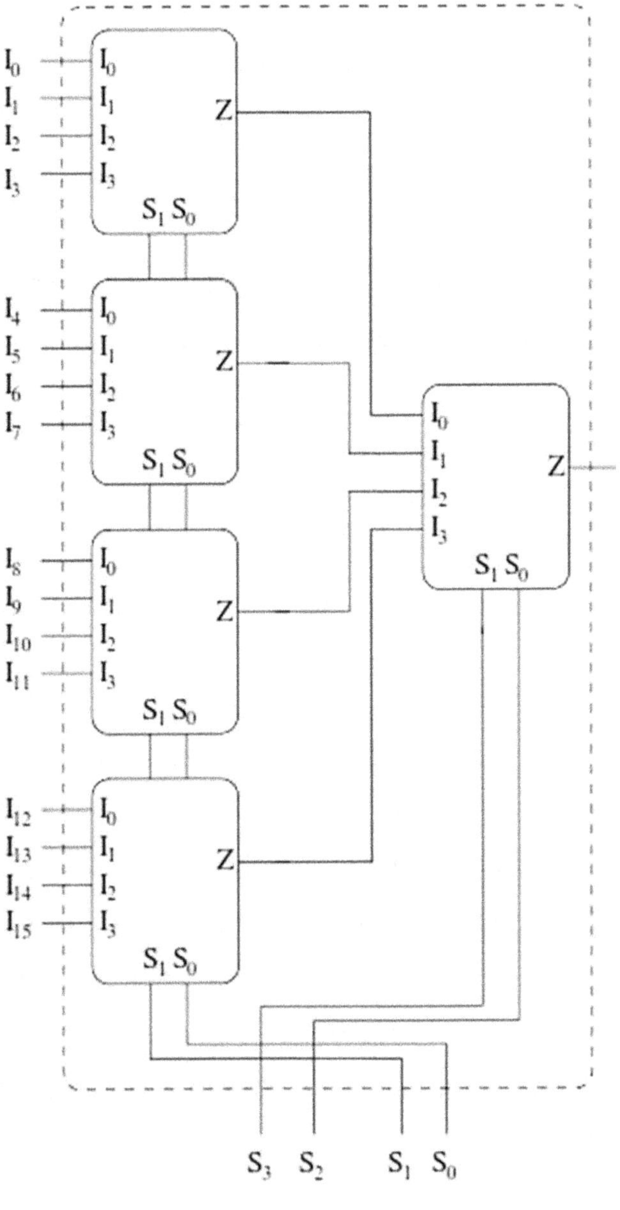

Se deja como ejercicio la comprobación de este diseño.

*Aumento del número de bits por canal*

Para conseguir esto hay que conectarlos en paralelo. Imaginemos que tenemos queremos construir un multiplexor de dos canales de entrada, cada uno de ellos de 2 bits, y para ello disponemos de multiplexores de 2 canales de un bit:

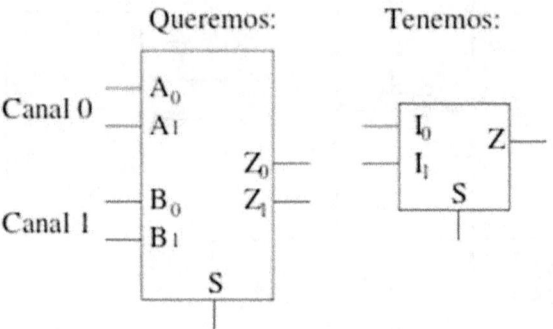

Utilizaremos dos multiplexores de lo que tenemos, uno por cada bit que tengamos en el nuevo canal de salida. Como los canales en el nuevo multiplexor son de 2 bits, necesitaremos 2 multiplexores de canales de 1 bit. Uno de estos multiplexores será al que vayan los bits de menos peso de los canales de entrada y el otro los de mayor peso. Las entradas de selección de ambos están unidas:

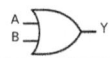

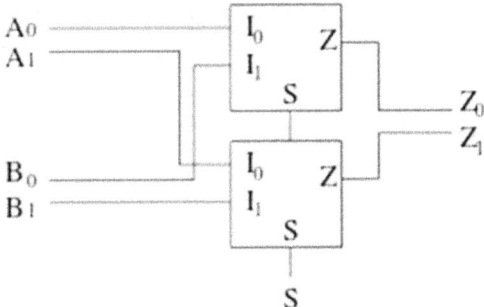

Si con en este nuevo multiplexor hacemos S=0, las salidas serán:

$$Z_0 = A_0 \; y \; Z_1 = A_1$$

Y si hacemos S=1, entonces obtenemos:

$$Z_0 = B_0 \; y \; Z_1 = B_1$$

Por la salida obtenemos bien el número que viene por el canal 0 ($A_1 \; A_0$), o bien el número que viene por el canal 1($B_1 \; B_0$).

*Ejercicio*

Construir un muliplexor de 4 canales de 4 bits, usando multiplexores de 4 entradas de 1 bit.

Ahora necesitaremos 4 multiplexores de los que tenemos, a cada uno de los cuales les llegan los bits del mismo peso de los diferentes canales.

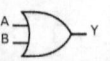

Por el primer multiplexor entran los bits de menor peso ($A_0$, $B_0$, $C_0$ y $D_0$) y por el último los de mayor ($A_3$, $B_3$, $C_3$ y $D_3$).

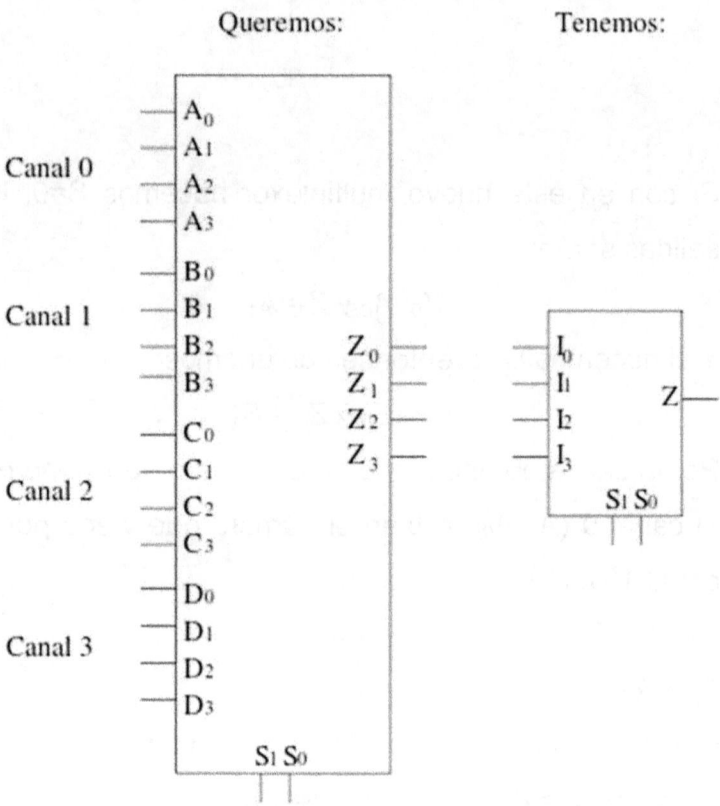

En el dibujo no se muestran todas las conexiones para no complicarlo:

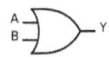

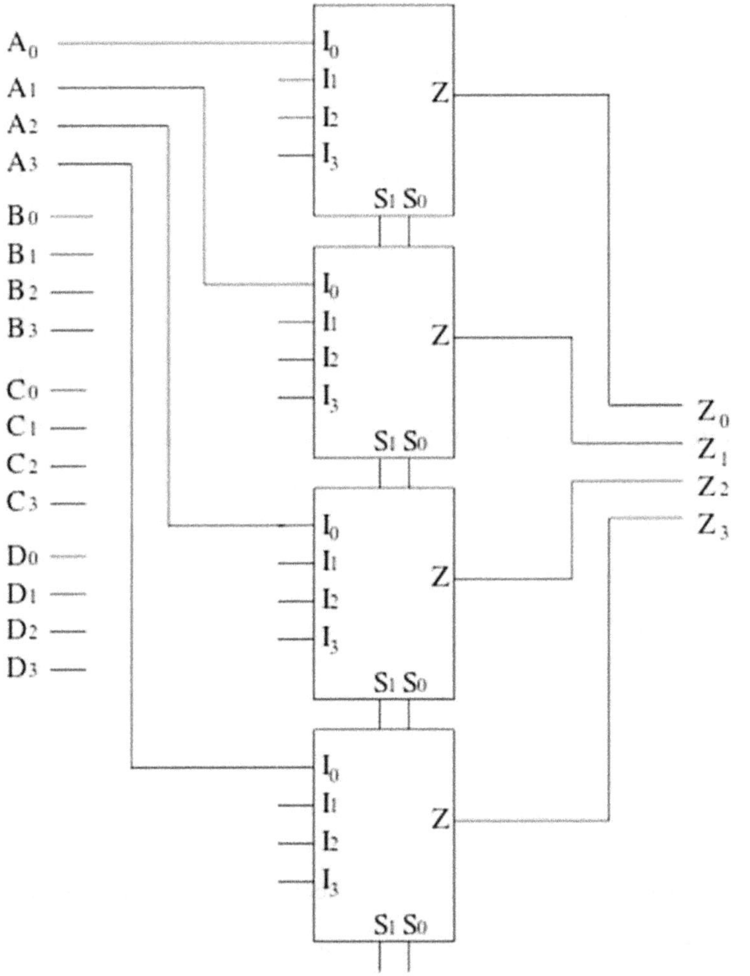

$A_0$
$A_1$
$A_2$
$A_3$

$B_0$
$B_1$
$B_2$
$B_3$

$C_0$
$C_1$
$C_2$
$C_3$

$D_0$
$D_1$
$D_2$
$D_3$

$I_0$ $I_1$ $I_2$ $I_3$ $Z$ $S_1 S_0$

$Z_0$
$Z_1$
$Z_2$
$Z_3$

## Implementación de funciones con MX's

Utilizando multiplexores es posible implementar funciones booleanas. En general, cualquier función de

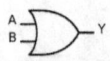

*n* variables se puede implementar utilizando un multiplexor de n-1 entradas de selección.

Por ejemplo, dada la función:

$$F = \overline{x} \cdot y \cdot z + x \cdot \overline{y} + \overline{x} \cdot \overline{y} \cdot \overline{z}$$

Que tiene 3 variables, se puede implementar utilizando un multiplexor de 2 entradas de control, como el mostrado a continuación:

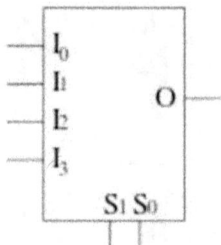

Existen dos maneras de hacerlo. Una es emplear el álgebra de Boole y la ecuación de este tipo de multiplexores.

Por lo general este método es más complicado.
La otra es utilizar un método basado en la tabla de verdad.

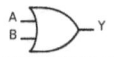

*Método basado en el álgebra de Boole*

La ecuación de un multiplexor de 2 entradas de control y 4 entradas es la siguiente:

$$O = \overline{S_1} \cdot \overline{S_0} \cdot I_0 + \overline{S_1} \cdot S_0 \cdot I_1 + S_1 \cdot \overline{S_0} \cdot I_2 + S_1 \cdot S_0 \cdot I_3$$

La ecuación de la función que queremos implementar la podemos expresar de la siguiente forma:

$$F = \overline{x} \cdot \overline{y} \cdot \overline{z} + \overline{x} \cdot y \cdot z + x \cdot \overline{y} \cdot 1 + x \cdot y \cdot 0$$

Que es muy parecida a Z.

Si igualamos términos, obtenemos que por las entradas del multiplexor hay que introducir:

- $I_0 = \overline{z}$

- $I_1 = z$

- $I_2 = 1$

- $I_3 = 0$

- $S_0 = y$

- $S_1 = x$

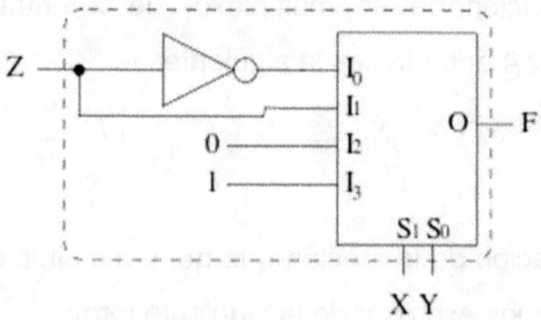

La función se implementa así:

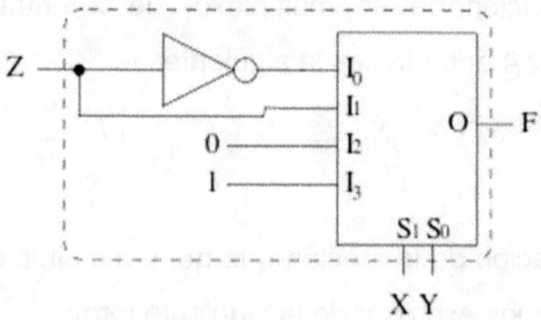

Vamos a comprobarlo. Para ello sustituimos en la ecuación del multiplexor los valores que estamos introduciendo por las entradas:

$$O = \overline{S_1} \cdot \overline{S_0} \cdot I_0 + \overline{S_1} \cdot S_0 \cdot I_1 + S_1 \cdot \overline{S_0} \cdot I_2 + S_1 \cdot S_0 \cdot I_3 =$$

$$\overline{x} \cdot \overline{y} \cdot I_0 + \overline{x} \cdot y \cdot I_1 + x \cdot \overline{y} \cdot I_2 + x \cdot y \cdot I_3 =$$

$$\overline{x} \cdot \overline{y} \cdot z + \overline{x} \cdot y \cdot z + x \cdot \overline{y} \cdot 0 + x \cdot y \cdot 1 =$$

$$\overline{x} \cdot \overline{y} \cdot z + \overline{x} \cdot y \cdot z + x \cdot y = F$$

*Método basado en la tabla de verdad*

Este método se basa en lo mismo, pero se usan las tablas de verdad en vez de utilizar las ecuaciones del multiplexor, por ello es más sencillo e intuitivo. Además tiene otra ventaja: es un método mecánico, siempre se hace igual sea cual sea la función

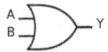

(Aunque como se verá en los ejercicios algunas funciones se pueden implementar de manera más fácil si utilizamos la entrada de validación).

Vamos a realizar este ejemplo con la función anterior.

Seguimos los siguientes pasos:

1. Construimos la tabla de verdad de la función F a implementar.

| X | Y | Z | O |
|---|---|---|---|
| 0 | 0 | 0 | 1 |
| 0 | 0 | 1 | 0 |
| 0 | 1 | 0 | 0 |
| 0 | 1 | 1 | 1 |
| 1 | 0 | 0 | 1 |
| 1 | 0 | 1 | 1 |
| 1 | 1 | 0 | 0 |
| 1 | 1 | 1 | 0 |

2. Dividimos la tabla en tantos grupos como canales de entrada halla.

En este caso hay 4 entradas, por lo que hacemos 4 grupos.

Las variables de mayor peso se introducen directamente por las entradas de selección $S_1$ y $S_2$:

| X | Y | Z | O |
|---|---|---|---|
| 0 | 0 | 0 | 1 |
| 0 | 0 | 1 | 0 |
| 0 | 1 | 0 | 0 |
| 0 | 1 | 1 | 1 |
| 1 | 0 | 0 | 1 |
| 1 | 0 | 1 | 1 |
| 1 | 1 | 0 | 0 |
| 1 | 1 | 1 | 0 |

Las variables X e Y son las que se han introducido por las entradas de selección ($S_1$=x, $S_0$=y). Vemos que hay 4 grupos de filas. El primer grupo se corresponde con la entrada $I_0$, el siguiente por la $I_2$, el siguiente por la $I_2$ y el último por la $I_3$.

3. El valor a introducir por las entradas $I_0$, $I_1$, $I_2$, e $I_3$, lo obtenemos mirando las columnas de la derecha (la columna de Z y de O). En el primer grupo, cuando Z=0, O=1 y cuando Z=1, O=0, por tanto O=$\bar{Z}$ .

Esa será la salida cuando se seleccione el canal 0, por tanto por su entrada habrá que introducir lo mismo: $I_0$=$\bar{Z}$.

Ahora nos fijamos en el siguiente grupo, correspondiente a $I_1$. En este caso, cuando Z=0, O=0

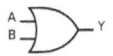

y cuando Z=1, O=1, por lo que deducimos que $O=I_1=Z$.

Vamos a por el tercer grupo. Si Z=0, O=0 y si Z=0, también O=0. Independientemente del valor de Z, la salida vale 0: $I_2=0$. Y para el último grupo ocurre que si Z=0, O=1, y si Z=1, O=1.

Deducimos que $I_3=1$.Si ahora hacemos la conexiones obtenemos el mismo circuito que en el caso anterior.

*Ejercicio*

Implementar la función:

$$F = A \cdot B + \overline{A} \cdot B \cdot \overline{C} + A \cdot \overline{B} \cdot \overline{C} + \overline{A} \cdot \overline{B} \cdot C$$

Utilizando un multiplexor, sin entrada de validación.

Utilizaremos el método basado en las tablas de verdad. Lo que queremos implementar es un circuito que tiene 3 entradas y una salida. Como tienen 3 variables de entrada, en general necesitaremos un multiplexor de 2 entradas de control:

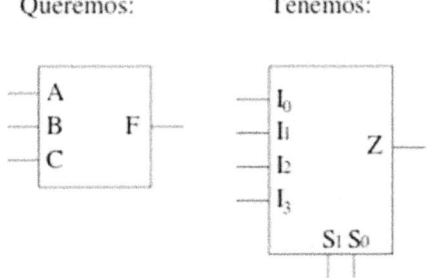

Ahora vamos siguiente los pasos del método. Primero construimos la tabla de verdad a partir de F:

| A | B | C | F |
|---|---|---|---|
| 0 | 0 | 0 | 0 |
| 0 | 0 | 1 | 1 |
| 0 | 1 | 0 | 1 |
| 0 | 1 | 1 | 0 |
| 1 | 0 | 0 | 1 |
| 1 | 0 | 1 | 0 |
| 1 | 1 | 0 | 1 |
| 1 | 1 | 1 | 1 |

Las entradas A y B las conectamos directamente a $S_1$ y $S_2$ respectivamente.

Fijándonos en las columnas de C y F, deducimos las siguientes conexiones:

- $I_0 = C$

- $I_1 = \overline{C}$

- $I_2 = \overline{C}$

- $I_3 = 1$

El circuito final es el siguiente:

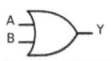

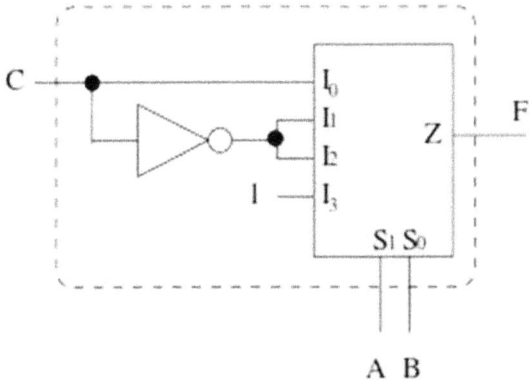

*Implementación de funciones con multiplexores con entrada de validación*

Para implementar funciones también se puede usar la entrada de validación. En este caso no todas las funciones se pueden implementar con este tipo de multiplexores. La entrada de validación la usamos como si fuese una entrada más.

*Ejercicio*

Implementar la siguiente función utilizando un multiplexor.

$$F = A \cdot \overline{B} \cdot C + A \cdot B \cdot C$$

Primero utilizaremos un multiplexor sin entrada de validación, utilizando el método de las tablas de

---

verdad. Como la función tiene 3 variables, necesitamos un multiplexor de 2 entradas de control. La tabla de verdad de esta función es:

| A | B | C | F |
|---|---|---|---|
| 0 | 0 | 0 | 0 |
| 0 | 0 | 1 | 0 |
| 0 | 1 | 0 | 0 |
| 0 | 1 | 1 | 0 |
| 1 | 0 | 0 | 0 |
| 1 | 0 | 1 | 1 |
| 1 | 1 | 0 | 0 |
| 1 | 1 | 1 | 1 |

Las entradas A y B se conectan directamente a las entradas $S_1$ y $S_0$.

Los valores que se introducen por las entradas son:

$$I_0 = 0, \ I_1 = 0, \ I_2 = I_3 = C$$

El circuito es el siguiente:

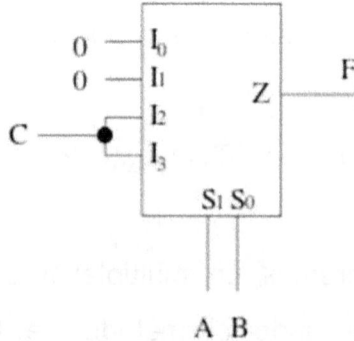

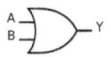

Se podría implementar esta función con un multiplexor con entrada de validación. Si nos fijamos en la función F vemos que podemos sacar factor común en A:

$$F = A \cdot \overline{B} \cdot C + A \cdot B \cdot C = A \cdot (\overline{B} \cdot \overline{C} + B \cdot C)$$

Y esa es la ecuación de un multiplexor de una entrada de control y una entrada de validación.

Si A=0, entonces F=0, y si A=1, se comporta como un multiplexor.

Por tanto introducimos A directamente por la entrada de validación y para el resto necesitamos un multiplexor de 1 entrada de selección.

Y como la ecuación es tan sencilla, no hace falta ni siquiera hacer el método de las tablas de verdad, fijándonos en su ecuación es suficiente.

La ecuación de un multiplexor con una entrada de selección es:

$$F = \overline{S} \cdot I_0 + S \cdot I_1$$

Si introducimos B por S, $\overline{C}$ por $I_0$ y C por $I_1$ ya lo tenemos:

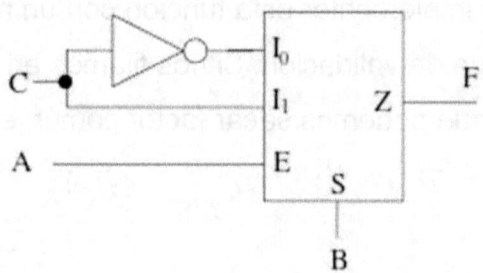

*Resumen*

Hemos visto los multiplexores y los demultiplexores, constituidos internamente por puertas lógicas.

Los multiplexores nos permiten seleccionar entre uno de varios canales de entrada (tuberías) para sacarlo por la salida.

Por ello disponen de unas entradas de datos (por donde entra el "agua"), unas entradas de selección (Llaves de paso) y un canal de salida.

Estos canales de datos pueden ser de varios bits, sin embargo, en este capítulo nos hemos centrado en los multiplexores que tienen canales de datos de 1 bits, puesto que a partir de ellos podemos construir multiplexores con canales de datos de mayor cantidad de bit, así como multiplexores que tienen mayor cantidad de canales de entrada.

También hemos visto los demultiplexores, que realizan la función inversa. Un canal de entrada

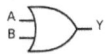

(tubería) se puede conectar a una de las diferentes salidas, según el valor introducido por las entradas de selección (llaves de paso).

Los multiplexores pueden tener opcionalmente una entrada de validación, que puede ser activa a nivel alto o a nivel bajo y actúa como una especie de interruptor que permite que el multiplexor funcione o no.

Si está activada, el multiplexor funciona normalmente. Si la entrada de validación está desactivada, por la salida del multiplexor siempre hay un '0'.

Por último hemos visto que con un multiplexor también se pueden implementar funciones lógicas, y es otra alternativa que tenemos además de las puertas lógicas.

Mediante el método de las tablas de verdad, podemos saber fácilmente qué variables hay que conectar a las entradas del multiplexor.

## Codificadores, decodificadores y comparadores

*Conceptos*

Los codificadores nos permiten "compactar" la información, generando un código de salida a partir de la información de entrada. Y como siempre, lo mejor es verlo con un ejemplo. Imaginemos que estamos diseñando un circuito digital que se encuentra en el interior de una cadena de música. Este circuito controlará la cadena, haciendo que funcione correctamente. Una de las cosas que hará este circuito de control será activar la radio, el CD, la cinta o el Disco según el botón que haya pulsado el usuario. Imaginemos que tenemos 4 botones en la cadena, de manera que cuando no están pulsados, generan un '0' y cuando se pulsa un '1' (Botones digitales). Los podríamos conectar directamente a nuestro circuito de control la cadena de música, como se muestra en la figura. Sin embargo, a la hora de diseñar el circuito de control, nos resultaría más sencillo que cada botón tuviese asociado un número. Como en total hay 4 botones, necesitaríamos 2 bits para identificarlos. Para conseguir esta asociación

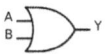

utilizamos un codificador, que a partir del botón que se haya pulsado nos devolverá su número asociado:

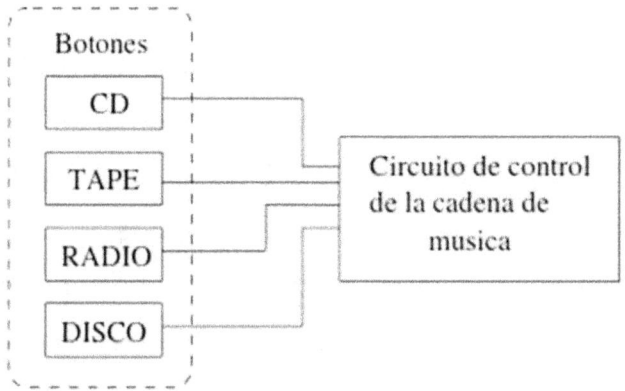

Circuito de control de una cadena de música, y 4 botones de selección de lo que se quiere escuchar

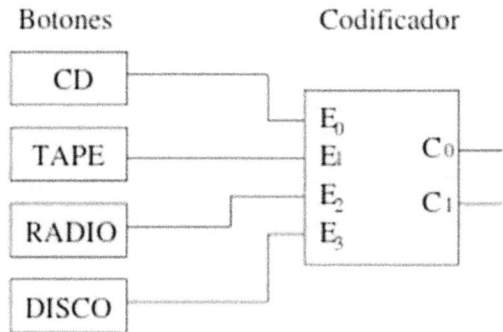

Fijémonos en las entradas del codificador, que están conectadas a los botones. En cada momento, sólo

---

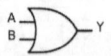

habrá un botón apretado, puesto que sólo podemos escuchar una de las cuatro cosas. Bien estaremos escuchando el CD, bien la cinta, bien la radio o bien un disco, pero no puede haber más de un botón pulsado 1. Tal y como hemos hecho las conexiones al codificador, el CD tiene asociado el número 0, la cinta el 1, la radio el 2 y el disco el 3 (Este número depende de la entrada del codificador a la que lo hayamos conectado). A la salida del codificador obtendremos el número del botón apretado. La tabla de verdad será así:

| $E_3$ | $E_2$ | $E_1$ | $E_0$ | $C_1$ | $C_0$ | Botón |
|-------|-------|-------|-------|-------|-------|-------|
| 0 | 0 | 0 | 1 | 0 | 0 | **CD** |
| 0 | 0 | 1 | 0 | 0 | 1 | **TAPE** |
| 0 | 1 | 0 | 0 | 1 | 0 | **RADIO** |
| 1 | 0 | 0 | 0 | 1 | 1 | **DISCO** |

El circuito de control de la cadena ahora sólo tendrá 2 bits de entrada para determinar el botón que se ha pulsado. Antes necesitábamos 4 entradas.

El codificador que hemos usado tiene 4 entradas y 2 salidas, por lo que se llama codificador de 4 a 2. Existen codificadores de mayor número de entradas, como el que vamos a ver en el siguiente ejemplo.

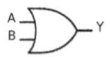
Imaginemos que ahora queremos hacer un circuito para monitorizar la situación de un tren en una vía.

En una zona determinada, la vía está dividida en 8 tramos.

En cada uno de ellos existe un sensor que indica si el tren se encuentra en ese tramo (el sensor devuelve 1) O fuera de él (valor 0).

Se ve claramente que cuando uno de los sensores esté activado, porque que el tren se encuentre en ese tramo, el resto de sensores devolverán un '0' (No detectan al tren).

Si conectamos todas las entradas de los sensores a un codificador de 8 a 3, lo que tendremos es que a la salida del codificador saldrá un número que indica el tramo en el que se encuentra el tren.

El circuito de control que conectemos a las salidas de este codificador sólo necesita 3 bits de entrada para conocer el tramo en el que está el tren, y no es necesario 8 bits.

Su diseño será más simple.

La tabla de verdad es:

| $E_7$ | $E_6$ | $E_5$ | $E_4$ | $E_3$ | $E_2$ | $E_1$ | $E_0$ | $C_2$ | $C_1$ | $C_0$ | Tramo |
|---|---|---|---|---|---|---|---|---|---|---|---|
| 0 | 0 | 0 | 0 | 0 | 0 | 0 | 1 | 0 | 0 | 0 | **0** |
| 0 | 0 | 0 | 0 | 0 | 0 | 1 | 0 | 0 | 0 | 1 | **1** |
| 0 | 0 | 0 | 0 | 0 | 1 | 0 | 0 | 0 | 1 | 0 | **2** |
| 0 | 0 | 0 | 0 | 1 | 0 | 0 | 0 | 0 | 1 | 1 | **3** |
| 0 | 0 | 0 | 1 | 0 | 0 | 0 | 0 | 1 | 0 | 0 | **4** |
| 0 | 0 | 1 | 0 | 0 | 0 | 0 | 0 | 1 | 0 | 1 | **5** |
| 0 | 1 | 0 | 0 | 0 | 0 | 0 | 0 | 1 | 1 | 0 | **6** |
| 1 | 0 | 0 | 0 | 0 | 0 | 0 | 0 | 1 | 1 | 1 | **7** |

*Ecuaciones*

A continuación deduciremos las ecuaciones de un codificador de 4 a 2, y luego utilizaremos un método rápido para obtener las ecuaciones de un codificador de 8 a 3.

El codificador de 4 a 2 que emplearemos es el siguiente:

Las ecuaciones las obtenemos siguiendo el mismo método de siempre: primero obtendremos la tabla de verdad completa y aplicaremos el método de

Karnaugh. Con ello obtendremos las ecuaciones más simplificadas para las salidas $C_1$ y $C_0$.

Al hacer la tabla de verdad, hay que tener en cuenta que muchas de las entradas no se pueden producir.

En las entradas de un decodificador, una y sólo una de las entradas estará activa en cada momento. Utilizaremos esto para simplificar las ecuaciones.

Se ha utilizado una X para indicar que esa salida nunca se producirá:

| $E_3$ | $E_2$ | $E_1$ | $E_0$ | $C_1$ | $C_0$ |
|-------|-------|-------|-------|-------|-------|
| 0 | 0 | 0 | 0 | x | x |
| 0 | 0 | 0 | 1 | 0 | 0 |
| 0 | 0 | 1 | 0 | 0 | 1 |
| 0 | 0 | 1 | 1 | x | x |
| 0 | 1 | 0 | 0 | 1 | 0 |
| 0 | 1 | 0 | 1 | x | x |
| 0 | 1 | 1 | 0 | x | x |
| 0 | 1 | 1 | 1 | x | x |
| 1 | 0 | 0 | 0 | 1 | 1 |
| 1 | 0 | 0 | 1 | x | x |
| 1 | 0 | 1 | 0 | x | x |
| 1 | 0 | 1 | 1 | x | x |
| 1 | 1 | 0 | 0 | x | x |
| 1 | 1 | 0 | 1 | x | x |
| 1 | 1 | 1 | 0 | x | x |
| 1 | 1 | 1 | 1 | x | x |

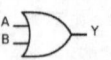
$C_0$ y $C_1$ siempre valen 'x' excepto para 4 filas.

Los mapas de Karnaugh que obtenemos son:

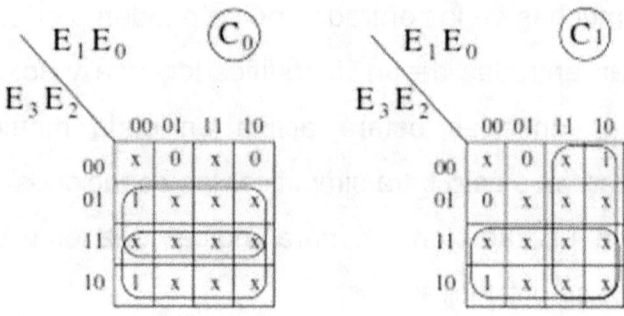

Las casillas que tienen el valor 'x' podemos asignarles el valor que más nos convenga, de forma que obtengamos la expresión más simplificada. Las ecuaciones de un decodificador de 4 a 2 son:

$$C_0 = E_2 + E_3$$

$$C_1 = E_1 + E_3$$

La manera "rápida" de obtenerlas es mirando la tabla simplificada, como la que se muestra en el ejemplo de la cadena de música.

Sólo hay que fijarse en los '1' de las funciones de salida (como si estuviésemos desarrollando por la primera forma canónica) y escribir la variable de entrada que vale '1'. Habrá tantos sumandos como '1' en la función de salida.

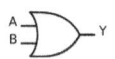
Las ecuaciones para un codificador de 8 a 3, utilizando el método rápido, son:

$$C_0 = E_1 + E_2 + E_5 + E_7$$

$$C_1 = E_2 + E_3 + E_6 + E_7$$

$$C_2 = E_4 + E_5 + E_6 + E_7$$

*Decodificadores*

*Conceptos*

Un decodificador es un circuito integrado por el que se introduce un número y se activa una y sólo una de las salidas, permaneciendo el resto desactivadas. Y como siempre, lo mejor es verlo con un ejemplo sencillo. Imaginemos que queremos realizar un circuito de control para un semáforo. El semáforo puede estar verde, amarillo, rojo o averiado. En el caso de estar averiado, se activará una luz interna "azul", para que el técnico sepa que lo tiene que reparar. A cada una de estas luces les vamos a asociar un número. Así el rojo será el 0, el amarillo el 1, el verde el 2 y el azul (averiado) el 3. Para controlar este semáforo podemos hacer un circuito que tenga 4 salidas, una para una de las luces. Cuando una de estas salidas esté a '1', la luz correspondiente estará encendida.

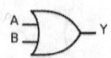

Sin embargo, ocurre que no puede haber dos o más luces encendidas a la vez. Por ejemplo, no puede estar la luz roja y la verde encendidas a la vez.

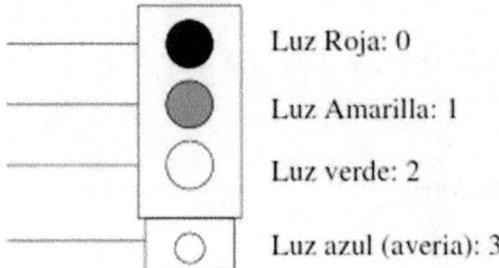

El semáforo que se quiere controlar

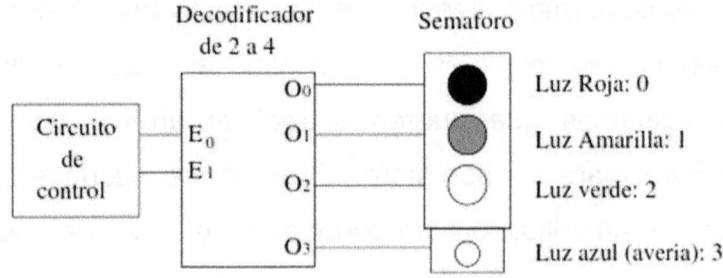

Circuito control del semáforo, usando un decodificador de 2 a 4

Si utilizamos un decodificador de 2 a 4, conseguiremos controlar el semáforo asegurándonos que sólo estará activa una luz en cada momento. Además, el circuito de control que diseñemos sólo

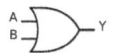

tiene que tener 2 salidas. El nuevo esquema se muestra en la figura.

El funcionamiento es muy sencillo.

Si el circuito de control envía el número 2 ($E_1$=1, $E_0$=0), se encenderá la luz verde (que tiene asociado el número 2) y sólo la luz verde.

Un decodificador activa sólo una de las salidas, la salida que tiene un número igual al que se ha introducido por la entrada.

En el ejemplo del semáforo, si el circuito de control envía el número 3, se activa la salida $O_3$ y se encenderá la luz azul.

A la hora de diseñar el circuito de control, sólo hay que tener en cuenta que cada luz del semáforo está conectada a una salida del decodificador y que por tanto tiene asociado un número diferente.

*Tablas de verdad y ecuaciones*
*Decodificador de 2 a 4*
Comenzaremos por el decodificador más sencillo, uno que tiene 2 entradas y 4 salidas, como se muestra en la figura.

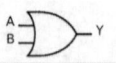

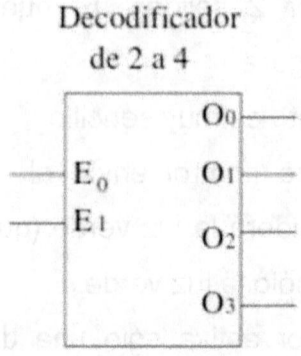

Decodificador
de 2 a 4

Un decodificador de 2 a 4

La tabla de verdad es la siguiente:

| $E_1$ | $E_0$ | $O_3$ | $O_2$ | $O_1$ | $O_0$ |
|---|---|---|---|---|---|
| 0 | 0 | 0 | 0 | 0 | 1 |
| 0 | 1 | 0 | 0 | 1 | 0 |
| 1 | 0 | 0 | 1 | 0 | 0 |
| 1 | 1 | 1 | 0 | 0 | 0 |

Y las ecuaciones las podemos obtener desarrollando por la primera forma canónica.

Puesto que por cada función de salida sólo hay un '1', no se podrá simplificar (No hace falta que hagamos Karnaugh):

$$O_0 = \overline{E_1} \cdot \overline{E_0}$$

$$O_1 = \overline{E_1} \cdot E_0$$

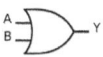

$$O_2 = E_1 \cdot \overline{E_0}$$

$$O_3 = E_1 \cdot E_0$$

La tabla de verdad la podemos expresar de forma abreviada de la siguiente manera, indicando la salida que se activa y sabiendo que las demás permanecerán desactivadas.

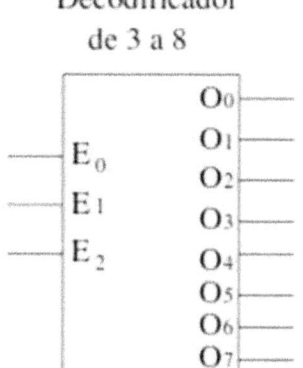

Decodificador de 3 a 8

| $E_1$ | $E_0$ | Salida Activa |
|:---:|:---:|:---:|
| 0 | 0 | $O_0$ |
| 0 | 1 | $O_1$ |
| 1 | 0 | $O_2$ |
| 1 | 1 | $O_3$ |

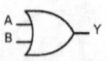

*Decodificador de 3 a 8*

Tiene 3 entradas y 8 salidas, como se muestra en la figura.

La tabla de verdad abreviada es la siguiente:

| $E_2$ | $E_1$ | $E_0$ | Salida Activa |
|---|---|---|---|
| 0 | 0 | 0 | $O_0$ |
| 0 | 0 | 1 | $O_1$ |
| 0 | 1 | 0 | $O_2$ |
| 0 | 1 | 1 | $O_3$ |
| 1 | 0 | 0 | $O_4$ |
| 1 | 0 | 1 | $O_5$ |
| 1 | 1 | 0 | $O_6$ |
| 1 | 1 | 1 | $O_7$ |

Y las ecuaciones son:

$$O_0 = \overline{E_2} \cdot \overline{E_1} \cdot \overline{E_0}, O_1 =$$

$$\overline{E_2} \cdot \overline{E_1} \cdot E_0, ... , O_7 = E_2 \cdot E_1 \cdot E_0.$$

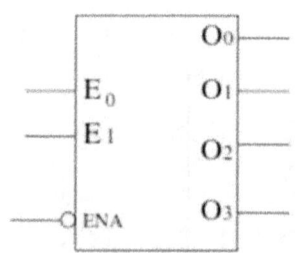

Decodificador de 2 a 4, con entrada de validación activa a nivel bajo

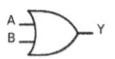

*Entradas de validación*

Lo mismo que ocurría con los multiplexores y demultiplexores, existe una entrada de validación opcional. Si esta entrada está activada, el decodificador funciona normalmente, pero si está desactivada, sus salidas siempre estarán a '0'. Existen dos tipos de entrada de validación, las activas a nivel alto y las activas a nivel bajo.

En la figura se muestra un decodificador de 2 a 4 con entrada de validación activa a nivel bajo, por lo el decodificador funcionará siempre que esta entrada esté a '0' y todas sus salidas permanecerán desactivadas cuando la entrada de validación esté a '1'.

Las ecuaciones de este decodificador irán multiplicadas por $\overline{ENA}$, siendo ENA la entrada de validación:

$$O_0 = \overline{E_1} \cdot \overline{E_0} \cdot \overline{ENA}$$

$$O_1 = \overline{E_1} \cdot E_0 \cdot \overline{ENA}$$

$$O_2 = E_1 \cdot \overline{E_0} \cdot \overline{ENA}$$

$$O_3 = E_1 \cdot E_0 \cdot \overline{ENA}$$

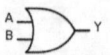

Cuando por la entrada se introduce un '1' (ENA=1), todas las salidas irán multiplicadas por $\overline{ENA}$, que vale '0' y todas ellas valdrán '0'. Si se introduce un '1', las ecuaciones serán las de un decodificador de 2 a 4.

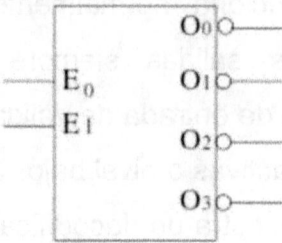

Decodificador de 2 a 4 con salidas activas a nivel bajo

Las salidas de los decodificadores pueden ser activas a nivel alto o a nivel bajo. Así, tendremos dos tipos: los decodificadores con salidas activas a nivel alto y los decodificadores con salidas activas a nivel bajo. Todos los que hemos visto hasta ahora son decodificadores activos a nivel alto, lo que quiere decir que si una salida está activa por ella sale un '1', y si está desactivada un '0'. Sin embargo, en los decodificadores con salidas activas a nivel bajo ocurre justo lo contrario. En la figura se muestra un decodificador de 2 a 4 con salidas a activas a nivel bajo. La tabla de verdad completa es la siguiente:

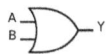

| $E_1$ | $E_0$ | $\overline{O_3}$ | $\overline{O_2}$ | $\overline{O_1}$ | $\overline{O_0}$ |
|:---:|:---:|:---:|:---:|:---:|:---:|
| 0 | 0 | 1 | 1 | 1 | **0** |
| 0 | 1 | 1 | 1 | **0** | 1 |
| 1 | 0 | 1 | **0** | 1 | 1 |
| 1 | 1 | **0** | 1 | 1 | 1 |

*Aplicaciones de los decodificadores*

Además del uso normal de los decodificadores, como parte de nuestros diseños, existen otras aplicaciones que veremos a continuación.

*Como Demultiplexor*

Si examinamos las tablas de verdad, observamos que realmente un decodificador con una entrada de validación se comporta como un demultiplexor.

De hecho no existen circuitos integrados con demultiplexores, sino que se usan decodificadores. Imaginemos que necesitamos utilizar un demultiplexor de dos entradas de selección, como el mostrado en la figura.

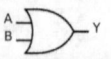
## Solución a los ejercicios propuestos

### *Sistemas de representación*

1. Pasar los siguientes números a decimal

   a) $347_8 = 3 \cdot 8^2 + 4 \cdot 8^1 + 7 \cdot 8^0 = 192 + 32 + 7 = \textbf{231}$

   b) $2201_3 = 2 \cdot 3^3 + 2 \cdot 3^2 + 0 \cdot 3^1 + 1 \cdot 3^0 = 54 + 18 + 1 = \textbf{73}$

   c) $AF2_{16} = A \cdot 16^2 + F \cdot 16^1 + 2 \cdot 16^0 = 2560 + 240 + 2 = \textbf{2802}$

   d) $10111_2 = 1 \cdot 2^4 + 0 \cdot 2^3 + 1 \cdot 2^2 + 1 \cdot 2^1 + 1 \cdot 2^0 = 16 + 4 + 2 + 1 = \textbf{23}$

2. Pasar de binario a hexadecimal

   a) 0101101011111011 = 0101-1010-1111-1011 = 5-A-F-B = **5AFB**

   b) 1001000111000101 = 1-0010-0011-1000-0101 = 1-2-3-8-5 = **12385**

   c) 1111000011110000 = 1111-0000-1111-0000 = F-0-F-0 = **F0F0**

   d) 0101010110101010 = 0101-0101-1010-1010 = 5-5-A-A = **55AA**

3. Pasar de hexadecimal a binario

   a) FFFF = F-F-F-F = 1111-1111-1111-1111 = **1111111111111111**

   b) 01AC = 0-1-A-C = 0000-0001-1010-1100 = **0000000110101100**

   c) 55AA = 5-5-A-A = 0101-0101-1010-1010 = **0101010110101010**

   d) 3210 = 3-2-1-0 = 0011-0010-0001-0000 = **0011001000010000**

## Álgebra de Boole

En algunos ejercicios se explica entre llaves ({ }) los pasos que se han seguido.

**Realizar las siguientes operaciones:**

1.  $1 + 0 = 1$ (Por la *definición* del operador booleano +)

2.  $1 + 1 = 1$ (Por la *definición* del operador booleano +)

3.  $1.0 = 0$ (Por la *definición* del operador booleano .)

4.  $1 \cdot 1 = 1$ (Por la *definición* del operador booleano .)

5.  $A+0 = A$ (0 es el *elemento neutro* de la operación booleana +)

6.  $A+1 = 1$ (Por la *definición* del operador booleano +)

7.  $A \cdot 1 = A$ (1 es el *elemento neutro* de la operación booleana .)

8.  $A \cdot 0 = 0$ (Por la definición del operador booleano .)

9.  $A+A = A$ (Propiedad de *Idempotencia* de la operación booleana +)

10. $A \cdot A = A$ (Propiedad de *Idempotencia* de la operación booleana .)

11. $A + \overline{A} = 1$ (*Elemento inverso*)

12. $A \cdot \overline{A} = 0$ (*Elemento inverso*)

13. $A+AB = \{Sacando\ factor\ común\ A\} = A(1+B) = \{B+1=1\} = A$ (También se conoce como *ley de absorción*).

14. $A(A+B) = \{Propiedad\ distributiva\} = AA + AB = \{AA=A\} = A + AB = \{$ *Por el resultado anterior* $\} = A$. (También se conoce como *ley de absorción*).

15. $A+AB+B = \{Sacando\ factor\ común\ en\ A\} = A(1+B) + B = \{1+B=1\} = A + B$. También se podría haber aplicado a la expresión inicial la ley de absorción: $A+AB = A$.

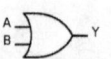

**Obtener el valor de las siguientes funciones booleanas, en todos los casos.**

1. $F = A + B$

   Como hay 4 variables, tenemos 4 casos posibles:

   *a)*   A=0, B=0 $\Rightarrow F(0,0) = 0 + 0 = 0$

   *b)*   A=0, B=1 $\Rightarrow F(0,1) = 0 + 1 = 1$

   *c)*   A=1, B=0 $\Rightarrow F(1,0) = 1 + 0 = 1$

   *d)*   A=1, B=1 $\Rightarrow F(1,1) = 1 + 1 = 1$

2. $F = A + \overline{B}$

   También hay 4 casos posibles:

   *a)*   A=0, B=0 $\Rightarrow F(0,0) = 0 + \overline{0} = 0 + 1 = 1$

   *b)*   A=0, B=1 $\Rightarrow F(0,1) = 0 + \overline{1} = 0 + 0 = 0$

   *c)*   A=1, B=0 $\Rightarrow F(1,0) = 1 + \overline{0} = 1 + 1 = 1$

   *d)*   A=1, B=1 $\Rightarrow F(1,1) = 1 + \overline{1} = 1 + 0 = 1$

3. $F = \overline{A} \cdot B + C$

   Tenemos todos los siguientes casos:

   *a)*   A=0,B=0, C=0 $\Rightarrow F(0,0,0) = \overline{0} \cdot 0 + 0 = 1 \cdot 0 = 0$

   *b)*   A=0, B=0, C=1 $\Rightarrow F(0,0,1) = \overline{0} \cdot 0 + 1 = 1 \cdot 0 + 1 = 0 + 1 = 1$

   *c)*   A=0, B=1, C=0 $\Rightarrow F(0,1,0) = \overline{0} \cdot 1 + 0 = 1 \cdot 1 + 0 = 1$

   *d)*   A=0, B=1, C=1 $\Rightarrow F(0,1,1) = \overline{0} \cdot 1 + 1 = 1 \cdot 1 + 1 = 1$

   *e)*   A=1, B=0, C=0 $\Rightarrow F(1,0,0) = \overline{1} \cdot 0 + 0 = 0 \cdot 0 = 0$

   *f)*   A=1, B=0, C=1 $\Rightarrow F(1,0,1) = \overline{1} \cdot 0 + 1 = 0 \cdot 0 + 1 = 1$

   *g)*   A=1, B=1, C=0 $\Rightarrow F(1,1,0) = \overline{1} \cdot 1 + 0 = 0 \cdot 1 = 0$

   *h)*   A=1, B=1, C=1 $\Rightarrow F(1,1,1) = \overline{1} \cdot 1 + 1 = 0 \cdot 1 + 1 = 0 + 1 = 1$

**Dadas las siguientes funciones booleanas, obtener su correspondiente tabla de verdad.**

Para resolver este tipo de ejercicios resulta cómo colocar nuevas columnas con resultados intermedios.

1. $F = A + \overline{B}$

   Función de 2 variables. La tabla tiene 4 filas.

   | A | B | $\overline{B}$ | F |
   |---|---|---|---|
   | 0 | 0 | 1 | 1 |
   | 0 | 1 | 0 | 0 |
   | 1 | 0 | 1 | 1 |
   | 1 | 1 | 0 | 1 |

2. $G = A \cdot B + \overline{A} \cdot B$

   Función de 2 variables. La tabla tiene 4 filas.

   | A | B | $A \cdot B$ | $\overline{A}$ | $\overline{A} \cdot B$ | F |
   |---|---|---|---|---|---|
   | 0 | 0 | 0 | 1 | 0 | 0 |
   | 0 | 1 | 0 | 1 | 1 | 1 |
   | 1 | 0 | 0 | 0 | 0 | 0 |
   | 1 | 1 | 1 | 0 | 0 | 1 |

3. $H = X \cdot Y \cdot \overline{Z} + \overline{X} \cdot \overline{Y} \cdot Z$

   Función de 3 variables. La tabla tiene 8 filas

   | X | Y | Z | $\overline{X}$ | $\overline{Y}$ | $\overline{Z}$ | $X \cdot Y \cdot \overline{Z}$ | $\overline{X} \cdot \overline{Y} \cdot Z$ | F |
   |---|---|---|---|---|---|---|---|---|
   | 0 | 0 | 0 | 1 | 1 | 1 | 0 | 0 | 0 |
   | 0 | 0 | 1 | 1 | 1 | 0 | 0 | 1 | 1 |
   | 0 | 1 | 0 | 1 | 0 | 1 | 0 | 0 | 0 |
   | 0 | 1 | 1 | 1 | 0 | 0 | 0 | 0 | 0 |
   | 1 | 0 | 0 | 0 | 1 | 1 | 0 | 0 | 0 |
   | 1 | 0 | 1 | 0 | 1 | 0 | 0 | 0 | 0 |
   | 1 | 1 | 0 | 0 | 0 | 1 | 1 | 0 | 1 |
   | 1 | 1 | 1 | 0 | 0 | 0 | 0 | 0 | 0 |

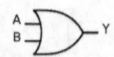
4. $S = E_3 E_2 E_1 E_0 + E_3 \overline{E_2}$

Función de 4 variables. La tabla tiene 16 filas

| $E_3$ | $E_2$ | $E_1$ | $E_0$ | $\overline{E_2}$ | $E_3 E_2 E_1 E_0$ | $E_3 \overline{E_2}$ | S |
|---|---|---|---|---|---|---|---|
| 0 | 0 | 0 | 0 | 1 | 0 | 0 | 0 |
| 0 | 0 | 0 | 1 | 1 | 0 | 0 | 0 |
| 0 | 0 | 1 | 0 | 1 | 0 | 0 | 0 |
| 0 | 0 | 1 | 1 | 1 | 0 | 0 | 0 |
| 0 | 1 | 0 | 0 | 0 | 0 | 0 | 0 |
| 0 | 1 | 0 | 1 | 0 | 0 | 0 | 0 |
| 0 | 1 | 1 | 0 | 0 | 0 | 0 | 0 |
| 0 | 1 | 1 | 1 | 0 | 0 | 0 | 0 |
| 1 | 0 | 0 | 0 | 1 | 0 | 1 | 1 |
| 1 | 0 | 0 | 1 | 1 | 0 | 1 | 1 |
| 1 | 0 | 1 | 0 | 1 | 0 | 1 | 1 |
| 1 | 0 | 1 | 1 | 1 | 0 | 1 | 1 |
| 1 | 1 | 0 | 0 | 0 | 0 | 0 | 0 |
| 1 | 1 | 0 | 1 | 0 | 0 | 0 | 0 |
| 1 | 1 | 1 | 0 | 0 | 0 | 0 | 0 |
| 1 | 1 | 1 | 1 | 0 | 1 | 0 | 0 |

Desarrollar las siguientes tablas de verdad por la primera forma canónica:

1. Tabla 1:

| A | B | F |
|---|---|---|
| 0 | 0 | 0 |
| 0 | 1 | 1 |
| 1 | 0 | 0 |
| 1 | 1 | 1 |

Como la función tiene dos "unos", será la suma de dos términos:

$$F = \overline{A} \cdot B + A \cdot B$$

2. Tabla 2:

| A | B | C | F |
|---|---|---|---|
| 0 | 0 | 0 | 1 |
| 0 | 0 | 1 | 1 |
| 0 | 1 | 0 | 0 |
| 0 | 1 | 1 | 0 |
| 1 | 0 | 0 | 1 |
| 1 | 0 | 1 | 0 |
| 1 | 1 | 0 | 0 |
| 1 | 1 | 1 | 0 |

La función tiene tres "unos", será la suma de tres términos:

$$F = \overline{A} \cdot \overline{B} \cdot \overline{C} + \overline{A} \cdot \overline{B} \cdot C + A \cdot \overline{B} \cdot \overline{C}$$

Dadas las siguientes funciones, indicar si se encuentra expresadas en la primera forma canónica, y si es así, obtener la tabla de verdad

1. $F = \overline{A} \cdot B + A \cdot B$

Sí se encuentra en la primera forma canónica, puesto que es una suma de productos, y en cada sumando se encuentran todas las variables. En la tabla de verdad F valdrá '1' cuando A=0, B=1 y A=1, B=1:

| A | B | F |
|---|---|---|
| 0 | 0 | 0 |
| 0 | 1 | 1 |
| 1 | 0 | 0 |
| 1 | 1 | 1 |

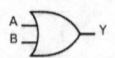
2.  $F = A \cdot \overline{B} \cdot \overline{C} + A \cdot B \cdot C$

También está en la primera forma canónica. En este caso la función es de tres variables:

| A | B | C | F |
|---|---|---|---|
| 0 | 0 | 0 | 0 |
| 0 | 0 | 1 | 0 |
| 0 | 1 | 0 | 0 |
| 0 | 1 | 1 | 0 |
| 1 | 0 | 0 | 1 |
| 1 | 0 | 1 | 0 |
| 1 | 1 | 0 | 0 |
| 1 | 1 | 1 | 1 |

3.  $F = E_2 \cdot E_1 \cdot E_0 + \overline{E_2} \cdot E_1 \cdot E_0 + E_1$

Esta función NO está en la primera forma canónica. En el último sumando no aparecen todas las variables.

4.  $F = E_2 \cdot E_1 \cdot E_0 + \overline{E_2} \cdot E_1 \cdot E_0 + \overline{E_2} \cdot \overline{E_1} \cdot E_0$

Esta sí lo está:

| $E_2$ | $E_1$ | $E_0$ | F |
|---|---|---|---|
| 0 | 0 | 0 | 0 |
| 0 | 0 | 1 | 1 |
| 0 | 1 | 0 | 0 |
| 0 | 1 | 1 | 1 |
| 1 | 0 | 0 | 0 |
| 1 | 0 | 1 | 0 |
| 1 | 1 | 0 | 0 |
| 1 | 1 | 1 | 1 |

**Desarrollar las siguientes tablas de verdad por la segunda forma canónica:**

1. Tabla 1:

| A | B | F |
|---|---|---|
| 0 | 0 | 0 |
| 0 | 1 | 1 |
| 1 | 0 | 0 |
| 1 | 1 | 1 |

Nos fijamos en las filas en las que F=0 y obtenemos el producto de sumas, con el criterio de que si una variable está a 1 usaremos su negada y que si está a '0' usaremos esa misma variable:

$$F = (A + B) \cdot (\overline{A} + B)$$

2. Tabla 2:

| A | B | C | F |
|---|---|---|---|
| 0 | 0 | 0 | 1 |
| 0 | 0 | 1 | 1 |
| 0 | 1 | 0 | 0 |
| 0 | 1 | 1 | 1 |
| 1 | 0 | 0 | 0 |
| 1 | 0 | 1 | 1 |
| 1 | 1 | 0 | 0 |
| 1 | 1 | 1 | 0 |

En este caso la función es de tres variables y hay cuatro filas en las que F=0, por tanto tendrá cuatro términos que van multiplicados:

$$F = (A + \overline{B} + C) \cdot (\overline{A} + B + C) \cdot (\overline{A} + \overline{B} + C) \cdot (\overline{A} + \overline{B} + \overline{C})$$

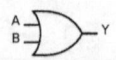
Dadas las siguientes funciones, indicar si se encuentra expresadas en la primera forma canónica o en la segunda. En caso de que así sea, obtener la tabla de verdad.

1. $F = (A + B) \cdot (\overline{A} + \overline{B})$

Está en la segunda forma canónica, puesto que es un producto de sumas, y en todos los términos se encuentran las dos variables. Para construir la tabla de verdad tenemos que tener en cuenta que en las filas en las que A=0, B=0 y A=1,B=1 la función vale '0', y para el resto de filas vale '1':

| A | B | F |
|---|---|---|
| 0 | 0 | 0 |
| 0 | 1 | 1 |
| 1 | 0 | 1 |
| 1 | 1 | 0 |

2. $F = \overline{A} \cdot B + \overline{B} \cdot A$

Se encuentra en la primera forma canónica puesto que es una suma de productos y en cada una de las sumas se encuentran las dos variables. En la tabla de verdad, en las filas en las que A=0,B=1 y A=1,B=0 la función vale '1', y en el resto de filas valdrá '0'

| A | B | F |
|---|---|---|
| 0 | 0 | 0 |
| 0 | 1 | 1 |
| 1 | 0 | 1 |
| 1 | 1 | 0 |

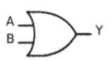

3.  $F = (E_2 + \overline{E_1} + E_0) \cdot (\overline{E_2} + \overline{E_1} + E_0) \cdot (E_2 + E_1 + E_0)$

    Se encuentra en la segunda forma canónica. La tabla de verdad es:

    | $E_2$ | $E_1$ | $E_0$ | F |
    |-------|-------|-------|---|
    | 0 | 0 | 0 | 0 |
    | 0 | 0 | 1 | 1 |
    | 0 | 1 | 0 | 1 |
    | 0 | 1 | 1 | 1 |
    | 1 | 0 | 0 | 1 |
    | 1 | 0 | 1 | 0 |
    | 1 | 1 | 0 | 0 |
    | 1 | 1 | 1 | 1 |

4.  $F = E_2 \cdot \overline{E_1} \cdot E_0 + \overline{E_2} \cdot \overline{E_1} \cdot E_0 + E_2 \cdot E_1 \cdot E_0$

    Está en la primera forma canónica. La tabla de verdad es:

    | $E_2$ | $E_1$ | $E_0$ | F |
    |-------|-------|-------|---|
    | 0 | 0 | 0 | 0 |
    | 0 | 0 | 1 | 1 |
    | 0 | 1 | 0 | 0 |
    | 0 | 1 | 1 | 0 |
    | 1 | 0 | 0 | 0 |
    | 1 | 0 | 1 | 1 |
    | 1 | 1 | 0 | 0 |
    | 1 | 1 | 1 | 1 |

5.  $F = (A \cdot B \cdot C) + (A + B + C)$

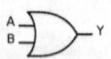
Obtener las expresiones más simplificadas a partir de las tablas de verdad:

1.  Tabla 1:

| A | B | C | D | F |
|---|---|---|---|---|
| 0 | 0 | 0 | 0 | 1 |
| 0 | 0 | 0 | 1 | 0 |
| 0 | 0 | 1 | 0 | 1 |
| 0 | 0 | 1 | 1 | 0 |
| 0 | 1 | 0 | 0 | 0 |
| 0 | 1 | 0 | 1 | 0 |
| 0 | 1 | 1 | 0 | 0 |
| 0 | 1 | 1 | 1 | 0 |
| 1 | 0 | 0 | 0 | 1 |
| 1 | 0 | 0 | 1 | 1 |
| 1 | 0 | 1 | 0 | 1 |
| 1 | 0 | 1 | 1 | 1 |
| 1 | 1 | 0 | 0 | 0 |
| 1 | 1 | 0 | 1 | 0 |
| 1 | 1 | 1 | 0 | 0 |
| 1 | 1 | 1 | 1 | 0 |

El diagrama de Karnaugh es:

| CD<br>AB | 00 | 01 | 11 | 10 |
|---|---|---|---|---|
| 00 | 1 | 0 | 0 | 1 |
| 01 | 0 | 0 | 0 | 0 |
| 11 | 0 | 0 | 0 | 0 |
| 10 | 1 | 1 | 1 | 1 |

y la función es:

$$F = \overline{B} \cdot \overline{D} + A \cdot \overline{B}$$

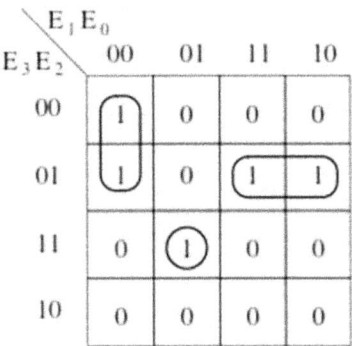

2. Tabla 2:

| $E_3$ | $E_2$ | $E_1$ | $E_0$ | F |
|---|---|---|---|---|
| 0 | 0 | 0 | 0 | 1 |
| 0 | 0 | 0 | 1 | 0 |
| 0 | 0 | 1 | 0 | 0 |
| 0 | 0 | 1 | 1 | 0 |
| 0 | 1 | 0 | 0 | 1 |
| 0 | 1 | 0 | 1 | 0 |
| 0 | 1 | 1 | 0 | 1 |
| 0 | 1 | 1 | 1 | 1 |
| 1 | 0 | 0 | 0 | 0 |
| 1 | 0 | 0 | 1 | 0 |
| 1 | 0 | 1 | 0 | 0 |
| 1 | 0 | 1 | 1 | 0 |
| 1 | 1 | 0 | 0 | 0 |
| 1 | 1 | 0 | 1 | 1 |
| 1 | 1 | 1 | 0 | 0 |
| 1 | 1 | 1 | 1 | 0 |

El diagrama de Karnaugh es:

| $E_3E_2$ \ $E_1E_0$ | 00 | 01 | 11 | 10 |
|---|---|---|---|---|
| 00 | 1 | 0 | 0 | 0 |
| 01 | 1 | 0 | 1 | 1 |
| 11 | 0 | 1 | 0 | 0 |
| 10 | 0 | 0 | 0 | 0 |

y la expresión de F:

$$F = \overline{E_3} \cdot \overline{E_1} \cdot \overline{E_0} + \overline{E_3} \cdot E_2 \cdot E_1 + E_3 \cdot E_2 \cdot \overline{E_1} \cdot E_0$$

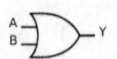
Operar con las siguientes expresiones obteniendo la mayor cantidad posible de operaciones $\oplus$

1. $A \cdot \overline{B} + \overline{A} \cdot B = \{$Definición de la opereración $\oplus\} = A \oplus B$

2. $A \cdot B + \overline{A} \cdot \overline{B} = \{$Definición de la operacion XOR negada$\} = \overline{A \oplus B}$

3. $(A \cdot \overline{B} + \overline{A} \cdot B) \cdot \overline{C} + \overline{(A\overline{B} + \overline{A} \cdot B)} \cdot C = \{$Aplicando la definición de la operación $A \oplus B\}$
   $= (A \oplus B) . \overline{C} + \overline{(A \oplus B)} . C = \{$Aplicando nuevamente la definición de la operación $\oplus\} = \mathbf{A \oplus B \oplus C}$

4. $\overline{A} \cdot B + \overline{A \oplus B} + \overline{A \oplus \overline{B}} + A \cdot \overline{B} = \{$Aplicando la propiedad $\overline{A \oplus B} = A \oplus \overline{B}\} = \overline{A} \cdot B +$
   $\overline{A \oplus B} + A \oplus \overline{\overline{B}} + A \cdot \overline{B} = \{$Como $\overline{\overline{B}} = B\} = \overline{A} \cdot B + \overline{A \oplus B} + A \oplus B + A \cdot \overline{B} = \{$Aplicando
   $\overline{A \oplus B} = \overline{A} \oplus B\} = \overline{A} \cdot B + \overline{A \oplus B} + A \oplus B + A \cdot \overline{B} = \{$Aplicando que $\overline{A \oplus B} + A \oplus B =$
   $1\} = \overline{A} \cdot B + A \cdot \overline{B} = \{$Por la definición de $\oplus\} = A \oplus B$

Dejar las siguientes expresiones en forma de sumas de productos:

1. $(x + y + z)(\overline{x} + z) = \{$Aplicando propiedad distributiva$\} = x\overline{x} + y\overline{x} + z\overline{x} + xz + yz + zz =$
   $\left\{ \begin{array}{l} zz = z \\ x\overline{x} = 0 \end{array} \right\} = y\overline{x} + z\overline{x} + xz + yz + z = \{$Sacando factor común en z$\} = y\overline{x} + z(\overline{x} + x + y + 1)$
   $= \{$Algo $+ 1 = 1\} = y\overline{x} + z$

2. $\overline{(\overline{x} + y + z)} . (\overline{y} + z) = \{$Aplicando Morgan al primer término$\} = \overline{\overline{x}} . \overline{y} . \overline{z} . (\overline{y} + z) = \{\overline{\overline{x}} = x\}$
   $= x . \overline{y} . \overline{z} . (\overline{y} + z) = \{$Prop. distributiva$\} = x . \overline{y} . \overline{z} . \overline{y} + x . \overline{y} . \overline{z} z = \left\{ \begin{array}{l} \overline{z} . z = 0 \\ \overline{y} . \overline{y} = \overline{y} \end{array} \right\} = \mathbf{x . \overline{y} . \overline{z}}$

3. $\overline{x \overline{y} z} . \overline{\overline{x} y z} = \{$Aplicando Morgan en términos $\overline{x . \overline{y} . z}$ , $\overline{\overline{x} . y . z}\} = (\overline{x} + \overline{\overline{y}} + \overline{z}) . (\overline{\overline{x}} + \overline{y} + \overline{z}) =$
   $\left\{ \begin{array}{l} \overline{\overline{x}} = x \\ \overline{\overline{y}} = y \end{array} \right\} = (\overline{x} + y + \overline{z}) . (x + \overline{y} + \overline{z}) = \{$Prop. distributiva$\} = \overline{x} x + y x + \overline{z} . x + \overline{x} . \overline{y} + y \overline{y} + \overline{z} . \overline{z}$
   $= \left\{ \begin{array}{l} \overline{x} . x = 0 \\ \overline{z} . \overline{z} = \overline{z} \\ y . \overline{y} = 0 \end{array} \right\} = yx + \overline{z} x + \overline{x} . \overline{y} + \overline{z} = \{$Ley absorción: $\overline{z} x + \overline{z} = \overline{z}\} = \mathbf{yx + \overline{z} + \overline{x} . \overline{y}}$

**Aplicar las leyes de Morgan en los siguientes casos:**

1. $\overline{A(B + C)} = \{$Aplicando Morgan a ambos términos del producto$\} = \overline{A} + \overline{B + C} = \{$Aplicando Morgan al segundo sumando$\} = \overline{A} + \overline{B} \cdot \overline{C}$

2. $\overline{\overline{AB} + \overline{CD}} \cdot E = \overline{\overline{AB} + \overline{CD}} + \overline{E} = \{\overline{\overline{AB} + \overline{CD}} = AB + CD\} = AB + CD + \overline{E}$ (también se puede aplicar Morgan primero al termino $\overline{AB} + \overline{CD}$, pero hay que dar más pasos para llegar al final).

3. $\overline{(AB + CD) \cdot E} = \overline{AB + CD} + \overline{E} = \overline{AB} \cdot \overline{CD} + \overline{E} = (\overline{A} + \overline{B}) \cdot (\overline{C} + \overline{D}) + \overline{E}$

# Bibliografía

- Licencia GFDL: www.gnu.org/copyleft/fdl.es.html
- UPSAM: http://www.upsam.com/
- Miguel D'Addario. Manual de electrónica (2015)
- Miguel D'Addario. Instalaciones eléctricas y automatismos. (2016).
- Miguel D'Addario. Electrotecnia. (2017).
- Diseño lógico". A. Lloris, A. Prieto. (1996).
- "Principios de diseño digital". Daniel D. Gajski. (1997).
- "Fundamentos de diseño lógico y computadoras". M. Morris Mano y Charles R: Kime. (1998).
- "Circuitos digitales y Microprocesadores". H. Taub. (1982).
- "Sistemas electrónicos digitales". E. Mandado. (1998).
- "Fundamentos de sistemas digitales". Thomas L. Floyd. (2000).
- "Diseño digital. Principios y prácticas". John F. Wakerly. (2001).
- "Introducción al diseño lógico digital". J.P. Hayes. (1996).
- "Sistemas digitales". Ronald J. Tocci. (1995)
- "Fundamentos de los computadores". P. de Miguel Anasagasti. (1999).
- "Teoría de la conmutación y diseño lógico". F. Hill & G. Peterson. (1978).
- "Problemas de circuitos y sistemas digitales". C. Baena, M.J. Bellido, A.J. Molina, P. Parra y M. Valencia. (1997).

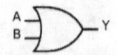

- "Problemas de sistemas electrónicos digitales". J. Velasco. J. Otero. (1995).

- "Problemas de electrónica digital". F. Ojeda Cherta. (1994).

- "Diseño de Circuitos impresos con OrCAD Capture y Layout v 9.2". Mª Auxilio Recasens Bellver, José González Calabuig.

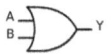
# ELECTRÓNICA
# Digital

## Fundamentos, cálculos y aplicaciones

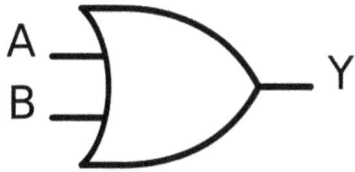

# Ing. Miguel D'Addario

Primera edición

2017

CE